KB114869

1일 1장 숫자:하다

잠든 뇌를 깨우는 기적의 계산법

1일 1장 숫자:하다

크리스토프 니즈담 지음 · 김보희 옮김 + − × ÷

이 책을 자보트, 줍, 줄리에트, 코르넬리위스,

마리, 알리송에게 바친다.

• 들어가며 •

신정보통신기술 시대를 사는 우리는 곧잘 컴퓨터나 휴대용 단말기 속 계산기를 사용하곤 한다. 스마트폰의 계산기 앱은 말할 것도 없다. 인터넷에서도 자바언어나 각종 애플릿applet을 통해 어떤 종류의 식이든 순식간에 계산할 수 있다. 노년층조차도 70년대식의 오래된 전자계산기를 사용하곤 하니까 계산기의 유용성이나 대중성은 말할 것도 없다.

텔레비전이 발명되고 우리는 글을 읽을 일이 점점 줄었다. 휴대폰이 확산되면서부터는 손으로 글을 쓸 일도 별로 없게 되었다. 또한 메시지 서비스 때문에 문장을 완벽하게 적기보다는 마치 외계어처럼 소리 나는 대로 적는 경우가 많아지고 있다. 결과적으로 사람들의 맞춤법 수준도 계속해서 악화하는 실정이다.

원인이 같다면 결과도 같기 마련이다. 맞춤법뿐만 아니라 이제는 숫자를 제대로 세거나, 머릿속으로 암산을 하는 일도 점점 줄어들고 있다!

누군가는 **"그게 뭐 어때?"**라고 반문할지도 모른다. "계산해주는 기계가 도처에 널렸는데! 당장 손에 쥐고 있는 스마트폰을 써도 되는 걸!"

하고 생각할 수도 있다.

하지만 맞춤법과 마찬가지로 계산 역시 뇌를 움직이게 하는 일종의 운동 종목이다. 게다가 뇌는 너무도 중요한 기관이지만 운동할 일이 많지 않다. 마치 근육처럼 계속 움직이면 발달하지만 오랫동안 수동적으로만 사용하면 퇴화한다.

이 책은 **어느 정도의 지적 건강을 유지**하는 데 틀림없이 큰 도움이 될 것이다. 뇌의 노화를 막기 위해서는 지적 건강이 반드시 필요하다. 무엇보다도 **스마트폰을 꺼내는 시간보다도 짧은 시간 안에 암산을 마칠 수 있도록** 만들어 줄 것이다! 이제 당신은 뇌의 통제권을 되찾을 수 있다. 이는 기계에 맞서는 인류의 위대한 승리다. 「터미네이터」나, 「매트릭스3」에서 왜 싸우기를 포기하지 않느냐는 스미스 요원에게 "그게 내 선택이니까"라고 말하는 앤더슨의 모습도 인류의 승리를 그리고 있다.

수학이 학문이라면 계산은 예술이다. 학문은 지식으로 하는 것이지만 예술은 재능과 노하우로 한다. 빠른 계산의 핵심적인 열쇠는 일단 식이 쓰인 순서 그대로 **왼쪽부터 오른쪽으로 계산**하는 것이다. 글을 읽을 때도 왼쪽부터 오른쪽으로 읽는 것이 자연스럽지 않은가? 왜 계산을 할 때만 오른쪽부터 왼쪽으로 해야 한단 말인가? 우리의 눈은 직관적으로 왼쪽에서 오른쪽으로 움직이기 마련이다.

그러므로 일의 자리, 십의 자리, 백의 자리, 천의 자리의 순서-오른쪽에서 왼쪽-로 진행하는 기존의 습관을 버리고 머릿속의 반응을 반대로 뒤집어야 한다. 이제는 천의 자리부터 시작해 백의 자리, 십의 자리, 일의 자리의 순서-왼쪽에서 오른쪽-로 계산해보자! 작은 수부터 큰 수로 가는 것이 아니라, 큰 수부터 작은 수의 순서로 암산한다.

빠른 계산의 두 번째 열쇠는 숫자에 대한 '제6의 감각', 즉 **숫자들 사이에 존재하는 특별한 관계를 파악**해내는 감각을 키우는 것이다. 이러한 숫자적 감각은 회계사, 계산원, 도소매상 등 숫자를 자주 사용하는 직종에서도 찾아볼 수 있다. 하지만 이 감각을 키우기 위해 반드시 이과를 전공하거나 수학 우등생이 되어야 하는 것은 아니다. 나야말로 그 산증인이다. 문과 출신인 나는 초·중·고는 물론 심지어 대학에서조차도 산수나 수학 관련 과목에서는 형편없는 점수를 받곤 했다. 때문에 파리정치대학Sciences-Po에서 재무강의를 할 때에도 늘 이렇게 말할 수 있었다. "좋은 재무사가 되기 위해 꼭 기술자가 되어야 할 필요는 없다. 아주 약간의 감각과 숫자를 좋아하는 마음만 있으면 된다." 나는 수학을 혐오하지만 숫자는 사랑한다. 수학 공식에는 문외한이지만 손익계산서 속 숫자들에 파묻히노라면 기쁨과 환희를 느낀다. 빼곡한 숫자 너머로 그동안 사람들이 처리해온 효율적인-또는 비효율적인- 활동과 업무들을 볼 수 있기 때문이다.

많은 이들이 계산 능력을 지적 능력과 연관시키곤 한다. 수학을 잘하는 사람은 대체로 똑똑한 사람으로 여겨지기 마련이다! 다른 사람들이 계산기를 찾는 동안, 이 책을 돌파한 당신이 곱셈이나 나눗셈, 제곱 따위를 암산으로 풀어버린다면 모두들 **여러분의 지적 능력을 아주 높게 평가할 것이다!** 게다가 일단 머리 좋은 사람으로 여겨지기 시작하면 주변의 가족이나 친구들, 나아가 학교나 회사의 주변 사람들 모두 여러분을 남다르게 대우할 것이다. 남다른 대우를 받는 사람은 더욱 지적으로 행동하기 마련이다. 그러면 마침내 스스로도 **자신감을 얻게 된다.** 이렇게 선순환이 시작하는 것이다.

암산은 타고난 두뇌의 크기가 아닌, 뇌를 사용하는 방법에 달려 있다. 결국 계산에 사용하는 전략이 가장 중요한 셈이다. 내가 지금부터 전해줄 팁들이 바로 그 전략이다.

9살이든 99살이든 누가 읽어도 좋을 이 책을 통해 독자들과 숫자에 대한 열정을 공유하고, 모두가 숫자와 친하게 지낼 수 있기를 바란다. **빠른 암산은 간단하고 쉽고 정말 즐겁다. 이것을 모든 독자가 느끼길 바란다.**

이 책은 단계적으로 훈련할 수 있도록 만들어져 있다. 계산의 난이도가 서서히 올라간다. 가장 간단한 계산부터 꽤 복잡한 계산–그렇다고는 해도 대다수가 풀 수 있는 정도의 수준–까지 나열된다. 그리고 대부분은 암산으로 푸는 것을 기준으로 한다.

※ 펜과 종이가 필요한 경우에는 설명에 펜 그림(/)이 있다.

그러므로 이 책은 **잠깐 짬이 생길 때마다** 틈틈이 꺼내 읽어도 좋을 것이다. 지하철 안, 가기 싫은 치과의 대기실, 좋아하는 미용실, 자기 전 침대맡 그 어디서에도 읽을 수 있다.

'연습이 완벽을 만든다Practice makes perfect'는 영어 속담이 있다. 말 그대로 가능한 많이 연습하는 것이 중요하다. 이 책에는 **500개 이상의 연습문제**가 실려 있다. 짤막짤막한 연습문제들을 풀다 보면 **83개의 팁**과 그 원리를 익히는 것은 물론이고, 나아가 자신감까지 생길 것이다. 실제로 여기 나온 팁들이 얼마나 실용적이고 간단한지 스스로 깨달을 수 있으리라! 책 맨 뒤에는 모든 문제의 답이 실려 있다.

또한 조금 더 깊게 파고들기 원하는 독자를 위해 책의 맨 뒤에 간단한 수학 개념들을 요약해 실어두었다. 실용적으로 사용할 수 있는 **1부터 25까지의 몇 가지 계산표**(더하기, 빼기, 곱하기, 나누기, 제곱 등)도 실려 있는데, 잘 활용한다면 **계산기 없이** 모든 식을 풀 수 있을 것이다. 이 표를 최대한 반복적으로 사용하면서 자주 쓰는 계산을 외워보자. 여기에 화룡점정으로 **6부터 9까지의 손가락 구구단법**도 그려져 있다.

마지막으로 사람이 **지식을 습득할 때의 메커니즘**을 소개하며 서론을 마치고자 한다.

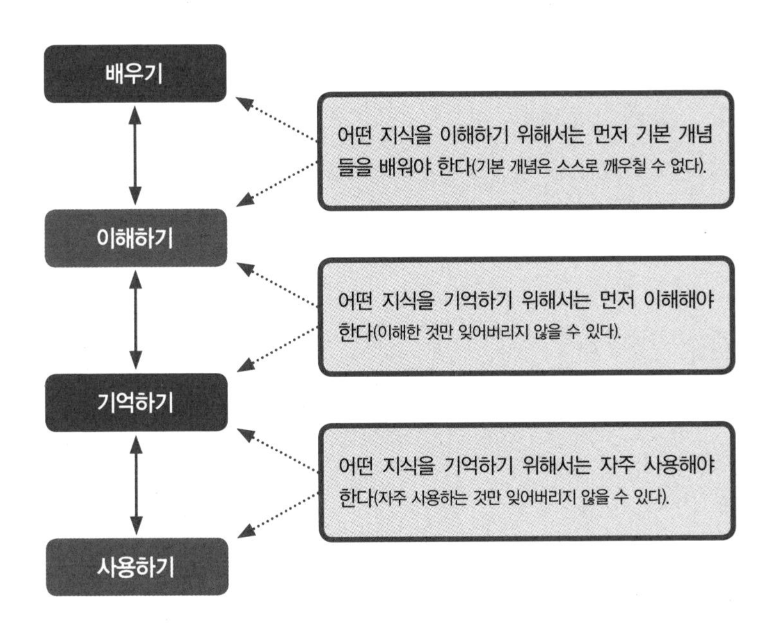

• 차례 •

83가지 암산 팁

부록

• 한 눈에 보는 책 활용법 •

• 들어가며 •

신정보통신기술 시대를 사는 우리는 곧잘 컴퓨터나 휴대용 단말기 속 계산기를 사용하곤 한다. 스마트폰의 계산기 앱은 말할 것도 없다. 인터넷에서도 자바언어나 각종 애플릿applet을 통해 어떤 종류의 식이든 순식간에 계산할 수 있다. 노년층조차도 70년대식의 오래된 전자계산기를 사용하곤 하니까 계산기의 유용성이나 대중성은 말할 것도 없다.

텔레비전이 발명되고 우리는 글을 읽을 일이 점점 줄었다. 휴대폰이 확산되면서부터는 손으로 글을 쓸 일도 별로 없게 되었다. 또한 메시지 서비스 때문에 문장을 완벽하게 적기보다는 마치 외계어처럼 소리 나는 대로 적는 경우가 많아지고 있다. 결과적으로 사람들의 맞춤법 수준도 계속해서 악화하는 실정이다.

원인이 같다면 결과도 같기 마련이다. 맞춤법뿐만 아니라 이제는 숫자를 제대로 세거나, 머릿속으로 암산을 하는 일도 점점 줄어들고 있다!

누군가는 **"그게 뭐 어때?"** 라고 반문할지도 모른다. "계산해주는 기계가 도처에 널렸는데! 당장 손에 쥐고 있는 스마트폰을 써도 되는 걸!"

006

하고 생각할 수도 있다.

하지만 맞춤법과 마찬가지로 계산 역시 뇌를 움직이게 하는 일종의 운동 종목이다. 게다가 뇌는 너무도 중요한 기관이지만 운동할 일이 많지 않다. 마치 근육처럼 계속 움직이면 발달하지만 오랫동안 수동적으로만 사용하면 퇴화한다.

이 책은 **어느 정도의 지적 건강을 유지**하는 데 틀림없이 큰 도움이 될 것이다. 뇌의 노화를 막기 위해서는 지적 건강이 반드시 필요하다. 무엇보다도 **스마트폰을 꺼내는 시간보다도 짧은 시간 안에 암산을 마칠 수 있도록** 만들어 줄 것이다! 이제 당신은 뇌의 통제권을 되찾을 수 있다. 이는 기계에 맞서는 인류의 위대한 승리다. 「터미네이터」나, 「매트릭스3」에서 왜 싸우기를 포기하지 않느냐는 스미스 요원에게 "그게 내 선택이니까"라고 말하는 앤더슨의 모습도 인류의 승리를 그리고 있다.

수학이 학문이라면 계산은 예술이다. 학문은 지식으로 하는 것이지만 예술은 재능과 노하우로 한다. **빠른 계산의 핵심적인 열쇠는 일단 식이 쓰인 순서 그대로 왼쪽부터 오른쪽으로 계산**하는 것이다. 글을 읽을 때도 왼쪽부터 오른쪽으로 읽는 것이 자연스럽지 않은가? 왜 계산을 할 때만 오른쪽부터 왼쪽으로 해야 한단 말인가? 우리의 눈은 직관적으로 왼쪽에서 오른쪽으로 움직이기 마련이다.

007

▶ 계산법에 대한 기본 개념을 알아봅니다.

09일 | 둘 중 한 수가 100보다 클 경우 더하기로 빼기 : 100은 세상의 중심!

팁

a. 100보다 큰 수에서 100을 뺀다.
b. 나머지 수를 100에서 뺀다.
c. 두 차를 더해 최종값을 얻는다.

두 수의 사이에 다른 100의 배수(200, 300, 400 등)가 껴 있다면 동일한 논리를 적용할 수 있다.

문제 : 113 − 88 = ?

- 113을 '100보다 13이 큰 수'로 본다
- 88을 '100보다 12가 작은 수'로 본다
- 13과 12를 더해 최종값 25를 얻는다 (113 − 88 = 25)

다른 팁과 함께 사용하기

두 수의 중간에 '기준 수'(여기서는 100)를 정해 계산을 쉽게 하는 이 팁을 제대로 이해한다면 다른 경우에도 새로운 '기준 수'(예를 들면 1,000원)를 정해 쉽게 계산할 수 있다. 예를 들어 5,170원에서 830원을 뺀다면, 5,170원을 '1,000원보다 4,170원 큰 수'로, 830원은 '1,000원보다 170원 작은 수'로 볼 수 있다. 그러면 최종값은 두 차, 즉 4,170원과 170원을 더한 4,340원이 된다.
이번 팁의 전략은 '기준 수'부터 양쪽으로 떨어져 있는 두 수의 거리를 더하는 것이다!

044

연습문제

9.1 111 − 93 =

9.2 105 − 96 =

9.3 123 − 87 =

9.4 104 − 65 =

9.5 299 − 187 =

9.6 6,420원 − 560원 =

045

▶ 풀이 방법을 배우고 문제를 직접 풀어 봅니다.

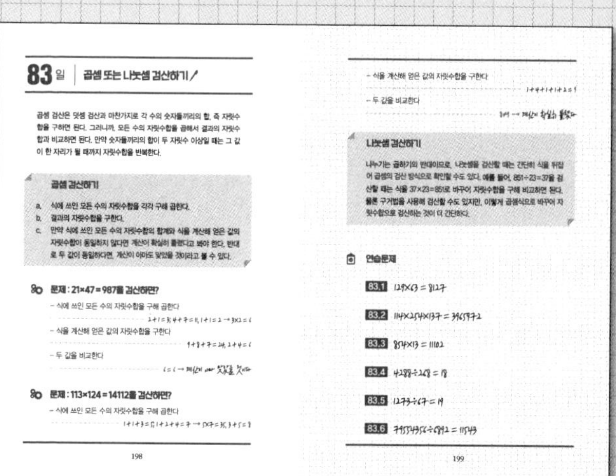

83일 | 곱셈 또는 나눗셈 검산하기 /

곱셈 검산은 덧셈 검산과 마찬가지로 각 수의 숫자들끼리의 합, 즉 자릿수 합을 구하면 된다. 그러니까, 모든 수의 자릿수합을 곱해서 결과의 자릿수 합과 비교하면 된다. 만약 숫자들끼리의 합이 두 자릿수 이상일 때는 그 값이 한 자리가 될 때까지 자릿수합을 반복한다.

곱셈 검산하기

a. 식에 쓰인 모든 수의 자릿수합을 각각 구해 곱한다.
b. 결과의 자릿수합을 구한다.
c. 만약 식에 쓰인 모든 수의 자릿수합의 합계와 식을 계산해 얻은 값의 자릿수합이 동일하지 않다면 계산이 확실히 틀렸다고 봐야 한다. 반대로 두 값이 동일하다면, 계산이 아마도 맞았을 것이라고 볼 수 있다.

문제 : 21×47 = 987을 검산하면?

– 식에 쓰인 모든 수의 자릿수합을 구해 곱한다
2+1=3, 4+7=11, 1+1=2 → 3×2=6
– 식을 계산해 얻은 값의 자릿수합을 구한다
9+8+7=24, 2+4=6
– 두 값을 비교한다
6=6 → 계산이 아마 맞았을 것이다

문제 : 113×124 = 14112를 검산하면?

– 식에 쓰인 모든 수의 자릿수합을 구해 곱한다
1+1+3=5, 1+2+4=7 → 5×7=35, 3+5=8

198

– 식을 계산해 얻은 값의 자릿수합을 구한다
1+4+1+1+2=9
– 두 값을 비교한다
8≠9 → 계산이 확실히 틀렸다

나눗셈 검산하기

나누기는 곱하기의 반대이므로, 나눗셈을 검산할 때는 간단히 식을 뒤집어 곱셈의 검산 방식으로 확인할 수도 있다. 예를 들어, 851÷23=37을 검산할 때는 식을 37×23=851로 바꾸어 자릿수합을 구해 비교하면 된다. 물론 구거법을 사용해 검산할 수도 있지만, 이렇게 곱셈식으로 바꾸어 자릿수합으로 검산하는 것이 더 간단하다.

연습문제

83.1 129×63 = 8127
83.2 114×254×137 = 3965972
83.3 854×13 = 11102
83.4 4288÷268 = 18
83.5 1273÷67 = 19
83.6 79554356÷6892 = 11543

199

• 세 번째 : 이 값을 두 번째 방정식의 y를 대입해 x의 값을 구한다.

$5x + (2\times20000) = 100000$

$5x = 100000 - 40000$

$x = 60000\div5$

$x = 12000$

5. 확인한다 : 이 순서쌍($x = 12000$; $y = 20000$)은 문제에서 주어진 미지수가 두 개인 일차방정식을 만족시키는 유일한 해다.

CD2장($2\times12,000 = 24,000$)과 DVD 5장($5\times20,000 = 100,000$)의 합은 정확히 124,000원이다. 또한 CD 5장($5\times12,000 = 60,000$)과 DVD 2장($2\times20,000 = 40,000$)의 합 역시 100,000원이다.

6. 결론을 내린다 : CD의 가격은 12,000원, DVD의 가격은 20,000원이다.

236

• 연습문제 해답 •

01
1.1 75
1.2 218
1.3 129
1.4 190
1.5 2609
1.6 2338

02
2.1 46
2.2 161
2.3 40
2.4 64
2.5 562
2.6 208

03
3.1 90
3.2 125
3.3 42
3.4 113
3.5 701
3.6 96

04
4.1 36
4.2 26
4.3 45
4.4 45
4.5 49
4.6 100

05
5.1 19
5.2 47
5.3 48
5.4 17
5.5 324
5.6 2178

06
6.1 8
6.2 17
6.3 18
6.4 34
6.5 356
6.6 50

07
7.1 54
7.2 16
7.3 16
7.4 19
7.5 423
7.6 59

237

▶ 해답을 보고 정답을 확인합니다.

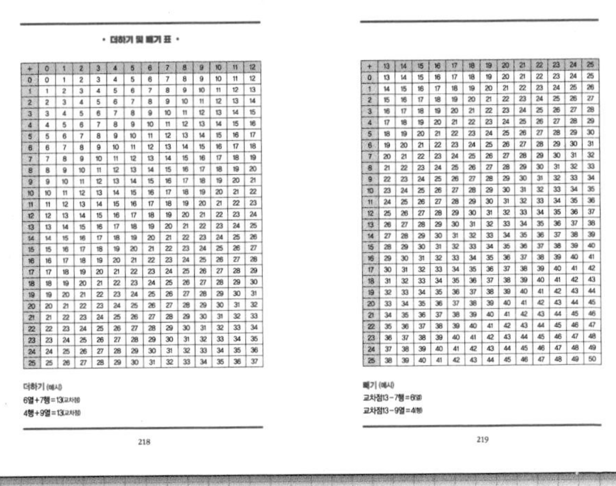

· 더하기 및 빼기 표 ·

+	0	1	2	3	4	5	6	7	8	9	10	11	12
0	0	1	2	3	4	5	6	7	8	9	10	11	12
1	1	2	3	4	5	6	7	8	9	10	11	12	13
2	2	3	4	5	6	7	8	9	10	11	12	13	14
3	3	4	5	6	7	8	9	10	11	12	13	14	15
4	4	5	6	7	8	9	10	11	12	13	14	15	16
5	5	6	7	8	9	10	11	12	13	14	15	16	17
6	6	7	8	9	10	11	12	13	14	15	16	17	18
7	7	8	9	10	11	12	13	14	15	16	17	18	19
8	8	9	10	11	12	13	14	15	16	17	18	19	20
9	9	10	11	12	13	14	15	16	17	18	19	20	21
10	10	11	12	13	14	15	16	17	18	19	20	21	22
11	11	12	13	14	15	16	17	18	19	20	21	22	23
12	12	13	14	15	16	17	18	19	20	21	22	23	24
13	13	14	15	16	17	18	19	20	21	22	23	24	25
14	14	15	16	17	18	19	20	21	22	23	24	25	26
15	15	16	17	18	19	20	21	22	23	24	25	26	27
16	16	17	18	19	20	21	22	23	24	25	26	27	28
17	17	18	19	20	21	22	23	24	25	26	27	28	29
18	18	19	20	21	22	23	24	25	26	27	28	29	30
19	19	20	21	22	23	24	25	26	27	28	29	30	31
20	20	21	22	23	24	25	26	27	28	29	30	31	32
21	21	22	23	24	25	26	27	28	29	30	31	32	33
22	22	23	24	25	26	27	28	29	30	31	32	33	34
23	23	24	25	26	27	28	29	30	31	32	33	34	35
24	24	25	26	27	28	29	30	31	32	33	34	35	36
25	25	26	27	28	29	30	31	32	33	34	35	36	37

더하기 (예시)
6열+7행=13(교차점)
4행+9열=13(교차점)

218

+	13	14	15	16	17	18	19	20	21	22	23	24	25
0	13	14	15	16	17	18	19	20	21	22	23	24	25
1	14	15	16	17	18	19	20	21	22	23	24	25	26
2	15	16	17	18	19	20	21	22	23	24	25	26	27
3	16	17	18	19	20	21	22	23	24	25	26	27	28
4	17	18	19	20	21	22	23	24	25	26	27	28	29
5	18	19	20	21	22	23	24	25	26	27	28	29	30
6	19	20	21	22	23	24	25	26	27	28	29	30	31
7	20	21	22	23	24	25	26	27	28	29	30	31	32
8	21	22	23	24	25	26	27	28	29	30	31	32	33
9	22	23	24	25	26	27	28	29	30	31	32	33	34
10	23	24	25	26	27	28	29	30	31	32	33	34	35
11	24	25	26	27	28	29	30	31	32	33	34	35	36
12	25	26	27	28	29	30	31	32	33	34	35	36	37
13	26	27	28	29	30	31	32	33	34	35	36	37	38
14	27	28	29	30	31	32	33	34	35	36	37	38	39
15	28	29	30	31	32	33	34	35	36	37	38	39	40
16	29	30	31	32	33	34	35	36	37	38	39	40	41
17	30	31	32	33	34	35	36	37	38	39	40	41	42
18	31	32	33	34	35	36	37	38	39	40	41	42	43
19	32	33	34	35	36	37	38	39	40	41	42	43	44
20	33	34	35	36	37	38	39	40	41	42	43	44	45
21	34	35	36	37	38	39	40	41	42	43	44	45	46
22	35	36	37	38	39	40	41	42	43	44	45	46	47
23	36	37	38	39	40	41	42	43	44	45	46	47	48
24	37	38	39	40	41	42	43	44	45	46	47	48	49
25	38	39	40	41	42	43	44	45	46	47	48	49	50

빼기 (예시)
교차점13－7행＝6(열)
교차점13－9열＝4(행)

219

▶ 부록에 수록된 여러가지 계산방법을 배워봅니다

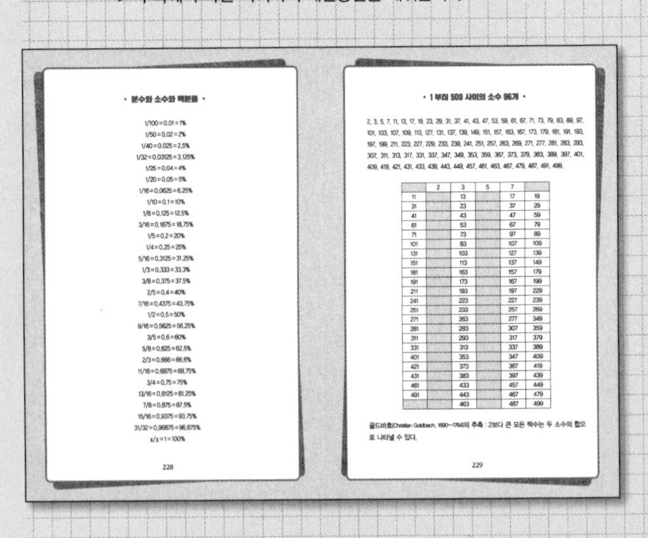

· 분수와 소수와 백분율 ·

1/100=0.01=1%
1/50=0.02=2%
1/40=0.025=2.5%
1/32=0.03125=3.125%
1/25=0.04=4%
1/20=0.05=5%
1/16=0.0625=6.25%
1/10=0.1=10%
1/8=0.125=12.5%
3/16=0.1875=18.75%
1/5=0.2=20%
1/4=0.25=25%
5/16=0.3125=31.25%
1/3=0.333=33.3%
3/8=0.375=37.5%
2/5=0.4=40%
7/16=0.4375=43.75%
1/2=0.5=50%
9/16=0.5625=56.25%
3/5=0.6=60%
5/8=0.625=62.5%
2/3=0.666=66.6%
11/16=0.6875=68.75%
3/4=0.75=75%
13/16=0.8125=81.25%
7/8=0.875=87.5%
15/16=0.9375=93.75%
31/32=0.96875=96.875%
x/x=1=100%

228

· 1 부터 500 사이의 소수 96개 ·

2, 3, 5, 7, 11, 13, 17, 19, 23, 29, 31, 37, 41, 43, 47, 53, 59, 61, 67, 71, 73, 79, 83, 89, 97, 101, 103, 107, 109, 113, 127, 131, 137, 139, 149, 151, 157, 163, 167, 173, 179, 181, 191, 193, 197, 199, 211, 223, 227, 229, 233, 239, 241, 251, 257, 263, 269, 271, 277, 281, 283, 293, 307, 311, 313, 317, 331, 337, 347, 349, 353, 359, 367, 373, 379, 383, 389, 397, 401, 409, 419, 421, 431, 433, 439, 443, 449, 457, 461, 463, 467, 479, 487, 491, 499.

	2	3	5	7	
11		13		17	19
31		23		37	29
41		43		47	59
61		53		67	79
71		73		97	89
101		83		107	109
131		103		127	139
151		113		137	149
181		163		157	179
191		173		167	199
211		193		197	229
241		223		227	239
251		233		257	269
271		263		277	349
281		283		307	359
311		293		317	379
331		313		337	389
401		353		347	409
421		373		367	419
431		383		397	439
461		433		457	449
491		443		467	479
		463		487	499

골드바흐(Christian Goldbach, 1690~1764)의 추측 : 2보다 큰 모든 짝수는 두 소수의 합으로 나타낼 수 있다.

229

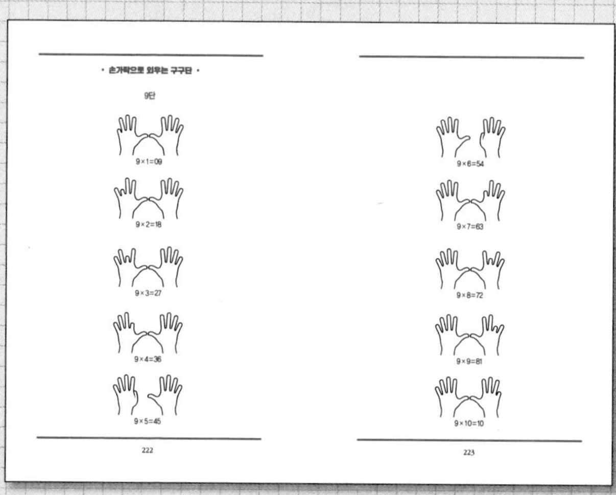
• 손가락으로 외우는 구구단 •
9단
9×1=09
9×2=18
9×3=27
9×4=36
9×5=45
222
9×6=54
9×7=63
9×8=72
9×9=81
9×10=10
223

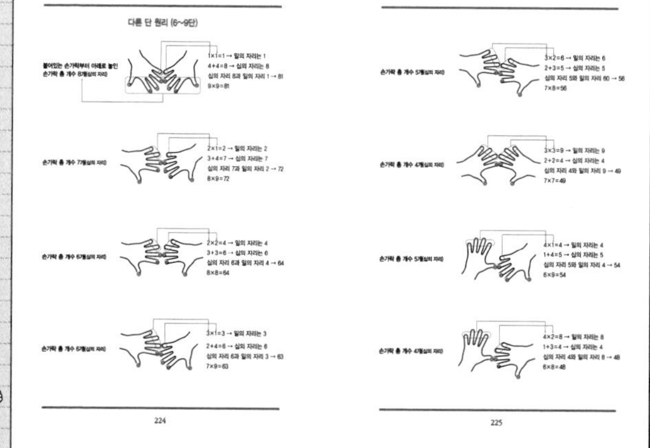
다른 단 원리 (6~9단)
224
225

어떠한 수를 구성하는 숫자들의 위치는 매우 중요하다. 일의 자릿수는 오른쪽에서 볼 때 첫 번째(왼쪽에서 볼 때 맨 끝)에, 십의 자릿수는 오른쪽에서 두 번째(왼쪽에서 맨 끝의 앞), 백의 자릿수는 오른쪽에서 세 번째(왼쪽에서 맨 끝의 앞의 앞), 천의 자릿수는 오른쪽에서 네 번째(왼쪽에서 첫 번째)에 위치해 있다. 소수점 뒤로는 소수점 자릿수(십분의 일의 자릿수는 소수점 이하 첫 번째 숫자, 백분의 일의 자릿수는 소수점 이하 두 번째 숫자, 천분의 일의 자릿수는 소수점 이하 세 번째 숫자 등)가 위치한다.

하나의 동일한 수는 여러 방식으로 표현될 수 있다. 예를 들어 63은 십의 자리와 일의 자리로 이루어진 두 자리 수 63으로 나타낼 수도 있지만, 십의 자리와 일의 자리와 소수 첫 번째 자리로 이루어진 63.0으로 나타내거나, 십의 자리, 일의 자리, 소수 첫 번째 자리, 소수 두 번째 자리로 이루어진 63.00으로 나타낼 수도 있다. 또한 063과 같이 백의 자리(여기서는 0), 십의 자리, 일의 자리로 구성된 수로 세 자리 수로 나타낼 수도 있고, 0063이라고 써서 네 자리 수(천의 자리, 백의 자리, 십의 자리, 일의 자리)로 나타낼 수도 있다. 반면 603이나 630의 경우는 더 이상 63과 동일한 수라고 볼 수 없다.

마찬가지로 분수를 소수나 백분율로 바꾸어 표현할 수도 있다. 예를 들어 [1.4]는 0.25나 25%라고 나타낼 수 있다. (책 뒷부분에 실린 '분수와 소수와 백분율'을 참고하라)

여러 수의 더하기는 순서를 바꿔 계산할 수 있다.

예를 들어 11 + 15 + 34는 15 + 11 + 34, 15 + 34 + 11, 34 + 15 + 11, 34 + 11 + 15 등으로 순서를 바꿔 계산할 수 있다. 순서만 다를 뿐 답은 항상 60으로 동일하다.

여러 수의 곱하기도 순서를 바꿔 계산할 수 있다.

이 경우에도 순서를 어떻게 바꾸든 결과는 변하지 않는다. 예를 들어 12×7과 7×12의 답은 항상 84로 동일하다.

빼기는 더하기의 반대다.

예를 들어 34 + 11 = 45이지만 이 식을 뒤집으면 45 - 34 = 11, 45 - 11 = 34가 된다. 차는 합의 반대다. 다시 말해 더하기를 할 수 있다면 빼기도 할 수 있다는 뜻이다.

나누기는 곱하기의 반대다.

예를 들어 12×7 = 84이지만 이 식을 뒤집으면 84÷12 = 7, 84÷

7 = 12가 된다. 곱은 몫의 반대다. 다시 말해 곱하기를 할 수 있다면 나누기도 할 수 있다는 뜻이다.

마지막으로, 분수를 겁내지 말자! **분수는 나누기일 뿐**이다. 분수 3/4은 3(나눠지는 수)을 4(나누는 수)로 나누는 것에 지나지 않는다. 이 수는 소수로 0.75, 백분율로 75%라고 나타낼 수 있다.

83가지
암산 팁

01 일 | 받아올림 없이 더하기 : 오른쪽이 아닌 왼쪽부터 계산하라!

팁

a. 십의 자릿수(왼쪽 숫자)를 모두 더하고 그 합계를 적는다(또는 머릿속에 기억해둔다).

b. 일의 자릿수(오른쪽 숫자)를 모두 더하고 그 합계를 오른쪽으로 한 칸 띄어 적는다(또는 머릿속에 기억해둔다).

c. 마지막으로 두 합계를 더해 최종값을 얻는다.

문제 : 97 + 48 + 14 + 19 + 56 = ?

- 십의 자릿수를 모두 더한다
- 일의 자릿수를 모두 더하고 한 칸 띄어 적는다

```
  97
 +48
 +14
 +19
 +56
----
 20
  34
----
 234
```

문제 : 179 + 843 + 145 + 914 + 357 = ?

- 백의 자릿수를 모두 더한다
- 십의 자릿수를 모두 더하고 한 칸 띄어 적는다
- 일의 자릿수를 모두 더하고 두 칸 띄어 적는다

```
  179
 +843
 +145
 +914
 +357
-----
 22
  21
   28
-----
 2438
```

연습문제

1.1 $27 + 14 + 34 =$

1.2 $83 + 18 + 45 + 72 =$

1.3 $11 + 43 + 19 + 56 =$

1.4 $14 + 20 + 37 + 51 + 68 =$

1.5 $413 + 107 + 326 + 981 + 782 =$

1.6 $860 + 124 + 713 + 159 + 374 + 108 =$

02일 | 9로 끝나는 수가 포함된 더하기: 10을 더한 뒤 1을 빼라

팁

a. 9로 끝나는 수에 1을 더해 끝자리를 0으로 만든다.
b. 나머지 수와 더한다.
c. 더한 값에서 1을 빼 최종값을 얻는다.

문제 : 69 + 84 = ?

– 69에 1을 더한다	$69 + 1 = 70$
– 70과 84를 더한다	$70 + 84 = 154$
– 1을 뺀다	$154 - 1 = 153$

문제 : 76 + 39 = ?

– 39에 1을 더한다	$39 + 1 = 40$
– 40과 76을 더한다	$40 + 76 = 116$
– 1을 뺀다	$116 - 1 = 115$

연습문제

2.1 $27+19=$

2.2 $89+72=$

2.3 $11+29=$

2.4 $15+49=$

2.5 $459+103=$

2.6 $79+129=$

03일 | 8로 끝나는 수가 포함된 더하기 : 10을 더한 뒤 2를 빼라

팁

a. 8로 끝나는 수에 2를 더해 끝자리를 0으로 만든다.
b. 나머지 수와 더한다.
c. 더한 값에서 2를 빼 최종값을 얻는다.

문제 : 58 + 46 = ?

– 58에 2를 더한다	58 + 2 = 60
– 60과 46을 더한다	60 + 46 = 106
– 2를 뺀다	106 – 2 = 104

문제 : 67 + 38 = ?

– 38에 2를 더한다	38 + 2 = 40
– 40과 67을 더한다	40 + 67 = 107
– 2를 뺀다	107 – 2 = 105

다른 팁과 함께 사용하기

크게 머리 쓸 필요 없이 2번 팁과 3번 팁을 합쳐 생각한다면 7로 끝나는 수를 더할 때의 전략(7로 끝나는 수가 포함된 더하기 : 10을 더한 뒤 3을 빼라)부터 6으로 끝나는 수, 5로 끝나는 수 등을 더할 때의 전략도 쉽게 찾아낼 수 있다.

연습문제

3.1 $72 + 18 =$

3.2 $98 + 27 =$

3.3 $28 + 14 =$

3.4 $15 + 98 =$

3.5 $598 + 103 =$

3.6 $28 + 68 =$

04일 | 10으로 묶어 더하기

팁

a. 묶어서 10을 만들 수 있는 한 자리 수를 찾는다(1+9, 2+8, 3+7, 4+6, 5+5).

b. 각각을 묶어 10을 만든다.

c. 남아 있는 수와 더해 최종값을 얻는다.

문제 : 4+6+7+3=?

– 4와 6을 찾아 '10'을 만든다	$4+6=10$
– 7과 3을 찾아 '10'을 만든다	$7+3=10$
– 두 10을 더한다	$10+10=20$

문제 : 6+8+4+2+1+9+3=?

– 6과 4를 찾아 '10'을 만든다	$6+4=10$
– 8과 2를 찾아 더해 '20'을 만든다	$8+2 \cdots\rightarrow 10+10=20$
– 1과 9를 찾아 더해 '30'을 만든다	$1+9 \cdots\rightarrow 10+20=30$
– 남은 수를 더한다	$30+3=33$

연습문제

4.1 $2+8+7+3+5+5+6=$

4.2 $9+7+1+3+4+2=$

4.3 $8+1+2+6+9+4+3+7+5=$

4.4 $13+27+5=$

4.5 $5+15+8+3+2+7+9=$

4.6 $28+62+1+9=$

05일 | 더하기로 빼기 : 빨셈보다 덧셈이 쉽다

팁

a. 빼기는 더하기의 반대일 뿐이다.
b. 뺄셈보다 덧셈이 쉽다 : 이를 보수법이라고 한다.
c. 10의 배수(또는 100의 배수, 1000의 배수) 더하기는 특히 더 쉽다.
d. 'y를 만들기 위해 x에 더해야 할 수'를 찾는다.

문제 : 49 − 17 = ?

- '49를 만들기 위해 17에 더해야 할 수'를 찾는다
- '17 + 10 = 27', '27 + 10 = 37', '37 + 10 = 47', '47 + 2 = 49'이다
- 10 + 10 + 10 + 2를 더해 답 32를 구한다 (17 + 32 = 49)

문제 : 553 − 261 = ?

- '553을 만들기 위해 261에 더해야 할 수'를 찾는다
- '261 + 100 = 361', '361 + 100 = 461', '461 + 90 = 551', '551 + 2 = 553'이다
- 100 + 100 + 90 + 2를 더해 답 292를 구한다 (261 + 292 = 553)

연습문제

5.1 $36 - 17 =$

5.2 $89 - 42 =$

5.3 $61 - 13 =$

5.4 $73 - 56 =$

5.5 $427 - 103 =$

5.6 $3589 - 1411 =$

06 일 | 9로 끝나는 수가 포함된 빼기

팁

a. 9로 끝나는 수에 1을 더해 10의 배수로 만든다.
b. 나머지 수에도 1을 더한다.
c. 각각 1을 더한 값끼리 빼 최종값을 얻는다.

문제 : 84 - 69 = ?

– 84에 1을 더한다	84 + 1 = 85
– 69에 1을 더한다	69 + 1 = 70
– 더한 값끼리 뺀다	85 – 70 = 15

문제 : 79 - 37 = ?

– 79에 1을 더한다	79 + 1 = 80
– 37에 1을 더한다	37 + 1 = 38
– 더한 값끼리 뺀다	80 – 38 = 42

연습문제

6.1 $27 - 19 =$

6.2 $89 - 72 =$

6.3 $29 - 11 =$

6.4 $49 - 15 =$

6.5 $459 - 103 =$

6.6 $179 - 129 =$

07일 | 8로 끝나는 수가 포함된 빼기

팁

a. 8로 끝나는 수에 2를 더해 10의 배수로 만든다.
b. 나머지 수에도 2를 더한다.
c. 각각 2를 더한 값끼리 빼 최종값을 얻는다.

문제 : 84 - 68 = ?

– 84에 2를 더한다	84 + 2 = 86
– 68에 2를 더한다	68 + 2 = 70
– 더한 값끼리 뺀다	86 – 70 = 16

문제 : 98 - 32 = ?

– 98에 2를 더한다	98 + 2 = 100
– 32에 2를 더한다	32 + 2 = 34
– 더한 값끼리 뺀다	100 – 34 = 66

다른 팁과 함께 사용하기

여기서도 크게 머리 쓸 필요는 없다. 6번 팁과 7번 팁을 합쳐 생각한다면 7로 끝나는 수를 뺄 때의 전략(7로 끝나는 수가 포함된 빼기 : 10의 배수로 만든 뒤 나머지에 3을 더하라)부터 6으로 끝나는 수, 5로 끝나는 수를 뺄 때의 전략도 쉽게 찾아낼 수 있다.

연습문제

7.1 $72-18=$

7.2 $54-38=$

7.3 $28-12=$

7.4 $87-68=$

7.5 $538-115=$

7.6 $148-89=$

08일 | 받아내림 없이 왼쪽부터 빼기

팁

a. 빼는 수를 십의 배수와 일의 자릿수로 나눈다.
b. 십의 자릿수끼리 뺀다.
c. 일의 자릿수끼리 뺀다.

문제 : 80 − 23 = ?

− 23을 십의 배수와 일의 자릿수로 나눈다	$20+3$
− 십의 자릿수끼리 뺀다	$80-20=60$
− 일의 자릿수를 뺀다	$60-3=57$

문제 : 110 − 44 = ?

− 44를 십의 배수와 일의 자리 수로 나눈다	$40+4$
− 십의 자리 수끼리 뺀다	$110-40=70$
− 일의 자리 수를 뺀다	$70-4=66$

연습문제

8.1 $60-13=$

8.2 $120-37=$

8.3 $90-51=$

8.4 $40-16=$

8.5 $580-63=$

8.6 $150-62=$

09일 둘 중 한 수가 100보다 클 경우 더하기로 빼기 : 100은 세상의 중심!

팁

a. 100보다 큰 수에서 100을 뺀다.
b. 나머지 수를 100에서 뺀다.
c. 두 차를 더해 최종값을 얻는다.

두 수의 사이에 다른 100의 배수(200, 300, 400 등)가 껴 있다면 동일한 논리를 적용할 수 있다.

문제 : 113 − 88 = ?

– 113을 '100보다 13이 큰 수'로 본다
– 88을 '100보다 12가 작은 수'로 본다
– 13과 12을 더해 최종값 25를 얻는다 (113 − 88 = 25)

다른 팁과 함께 사용하기

두 수의 중간에 '기준 수'(여기서는 100)를 정해 계산을 쉽게 하는 이 팁을 제대로 이해한다면 다른 경우에도 새로운 '기준 수'(예를 들면 1,000원)를 정해 쉽게 계산할 수 있다. 예를 들어 5,170원에서 830원을 뺀다면, 5,170원을 '1,000원보다 4,170원 큰 수'로, 830원은 '1,000원보다 170원 작은 수'로 볼 수 있다. 그러면 최종값은 두 차, 즉 4,170원과 170원을 더한 4,340원이 된다.
이번 팁의 전략은 '기준 수'부터 양쪽으로 떨어져 있는 두 수의 거리를 더하는 것이다!

연습문제

9.1 $111 - 93 =$

9.2 $105 - 96 =$

9.3 $123 - 87 =$

9.4 $104 - 65 =$

9.5 $299 - 187 =$

9.6 6,420원 − 560원 =

10 일 | 0으로 끝나는 수(10, 30, 100, 400, 1000, 50000 등)에서 빼기

팁

a. 0으로 끝나는 수를 왼쪽으로부터 첫 번째 자릿수에서 1을 빼고 그 뒤에 이어지는 0은 9로, 마지막 0은 10으로 바꾼 뒤 왼쪽부터 차례대로 뺀다.

b. 빼어지는 수의 0의 개수가 빼는 수의 자릿수보다 많은 경우, 빼는 수의 앞에 0을 넣어 계산한다. 예를 들어 1000−47의 경우 1000의 0의 개수는 세 개지만 47은 자릿수가 두 개인 수이므로 47의 앞에 0을 한 개 넣어 계산(1000−047)한다. 또한 20000−47의 경우 0의 개수는 네 개지만 47의 자릿수는 두 개이므로 47의 앞에 0을 두 개 넣어 계산(20000−0047)한다.

문제 : 1000 − 473 = ?

0이 세 개인 수와 자릿수가 세 개인 수 = ok!

− 계산한다	1−1=0
− 계산한다	9−4=5
− 계산한다	9−7=2
− 계산한다	10−3=7
− 최종값을 구한다	0527=527

문제 : 30000 − 154 = ?

0이 네 개인 수와 자릿수가 세 개인 수 = 세 자리 수 앞에 0을 붙여서 계산한다(0154)

− 계산한다	3−1=2
− 계산한다	9−0=9
− 계산한다	9−1=8
− 계산한다	9−5=4
− 계산한다	10−4=6
− 최종값을 구한다	29846

다른 팁과 함께 사용하기

특히 9번 팁에서 0으로 끝나는 '기준 수'보다 얼마나 작은 수인지를 계산할 때 이 팁을 사용하면 매우 효율적이다. 예를 들어 100－88의 경우 '1－1=0', '9－8=1', '10－8=2'이므로 답은 12가 된다.
또한 물건 값을 내고 거스름돈을 계산할 때도 활용할 수 있다. 예를 들어 50,000원－5,140원의 경우라면 '5－1=4', '9－5=4', '9－1=8', '10－4=6'이 되므로 거스름돈은 44,860원이 된다.

연습문제

10.1 100 － 39 =

10.2 900 － 64 =

10.3 1000 － 457 =

10.4 2000 － 165 =

10.5 40000 － 21987 =

10.6 100,000원 － 12,560원 =

11 일 | 0으로 끝나는 수(10, 100, 1000 등의 배수) 곱하기

팁

a. 모든 수의 오른쪽에 있는 0을 전부 지운다.
b. 남아있는 수끼리 곱한다.
c. 곱한 값의 오른쪽에 앞서 지운 개수만큼의 0을 다시 붙여 최종값을 얻는다.

문제 : 40×30 = ?

- 모든 수의 오른쪽에 있는 0을 전부 지운다
- 남아있는 수끼리 곱한다
- 곱한 값에 앞서 지운 두 개의 0을 다시 붙인다

40×30 ···› 4×3
4×3 = 12
12 ···› 1200

문제 : 300×60 = ?

- 0을 전부 지운다
- 곱한다
- 0을 다시 붙인다

300×60 ···› 3×6
3×6 = 18
18 ···› 18000

연습문제

11.1 $3 \times 80 =$

11.2 $700 \times 50 =$

11.3 $11 \times 9000 =$

11.4 $400 \times 600 =$

11.5 $20 \times 50 =$

11.6 $22 \times 300 =$

12 일 | 두 자리 수 왼쪽부터 곱하기

팁

a. 두 자리 수를 십의 자릿수(왼쪽)와 일의 자릿수(오른쪽)로 분해한다.
b. 다른 수에 십의 자릿수를 곱한다.
c. 다른 수에 일의 자릿수를 곱한다.
d. 두 값을 더해 최종값을 얻는다.

문제 : 24×7 = ?

– 24를 십의 자릿수와 일의 자릿수로 분해한다	$24 = 20 + 4$
– 십의 자릿수를 곱한다	$20 \times 7 = 140$
– 일의 자릿수를 곱한다	$4 \times 7 = 28$
– 두 값을 더한다	$140 + 28 = 168$

문제 : 8×18 = ?

– 18을 십의 자릿수와 일의 자릿수로 분해한다	$18 = 10 + 8$
– 십의 자릿수를 곱한다	$10 \times 8 = 80$
– 일의 자릿수를 곱한다	$8 \times 8 = 64$
– 두 값을 더한다	$80 + 64 = 144$

연습문제

12.1 $12 \times 9 =$

12.2 $13 \times 8 =$

12.3 $27 \times 4 =$

12.4 $7 \times 16 =$

12.5 $23 \times 6 =$

12.6 $39 \times 3 =$

13일 받아올림 없이 곱하기 : 왼쪽에서부터 계산하기

팁

a. 십의 자릿수만 곱하고 그 값을 적는다. 그 값이 10보다 작을 경우에는 앞에 0을 적는다. (예를 들어 4는 '04'로, 9는 '09'로 적는다)

b. 일의 자릿수를 곱하고 그 값을 첫 번째 값보다 한 칸 띄어 적는다. 그 값이 10보다 작을 경우에는 앞에 0을 적는다. (예를 들어 4는 '04'로, 9는 '09'로 적는다)

c. 두 값을 더해 최종값을 얻는다.

문제 : 69×7=?

- 십의 자릿수를 곱한다
- 일의 자릿수를 곱해 한 칸 띄어 적는다
- 답을 구한다

```
      69
      ×7
--------
6×7=42
9×7= 63
--------
     483
```

문제 : 38×3=?

- 십의 자릿수를 곱한다
- 일의 자릿수를 곱해 한 칸 띄어 적는다
- 답을 구한다

```
      38
      ×3
--------
3×3=09
8×3= 24
--------
     114
```

연습문제

13.1 $93 \times 5 =$

13.2 $45 \times 8 =$

13.3 $53 \times 4 =$

13.4 $71 \times 3 =$

13.5 $88 \times 6 =$

13.6 $146 \times 4 =$

14일 | 4를 곱하기

팁

이 팁의 전략은 큰 수를 곱하거나 나눌 때 한 번에 계산하기보다 작은 수로 나눠서 여러 차례 곱하거나 나누는 것이 훨씬 쉽다는 일반적인 상식에 기반을 두고 있다.

a. 먼저 2를 곱한다.
b. 곱한 값에 한 번 더 2를 곱해 최종값을 얻는다.

문제 : 18×4 = ?

- 18에 2를 곱한다 | $18 \times 2 = 36$
- 36에 2를 곱한다 | $36 \times 2 = 72$

문제 : 37×4 = ?

- 37에 2를 곱한다 | $37 \times 2 = 74$
- 74에 2를 곱한다 | $74 \times 2 = 148$

연습문제

14.1 $12 \times 4 =$

14.2 $22 \times 4 =$

14.3 $31 \times 4 =$

14.4 $13 \times 4 =$

14.5 $67 \times 4 =$

14.6 $123 \times 4 =$

15 일 | 5를 곱하기

팁

a. 먼저 2로 나눈다.

b. 나눈 값에 10을 곱해 최종값을 얻는다. (즉, 중간값의 끝에 0을 적는다)

문제 : $16 \times 5 = ?$

- 2로 나눈다 | $16 \div 2 = 8$
- 10을 곱한다 | $8 \times 10 = 80$

문제 : $34 \times 5 = ?$

- 2로 나눈다 | $34 \div 2 = 17$
- 10을 곱한다 | $17 \times 10 = 170$

연습문제

15.1 $13 \times 5 =$

15.2 $5 \times 46 =$

15.3 $42 \times 5 =$

15.4 $74 \times 5 =$

15.5 $22 \times 5 =$

15.6 $23 \times 5 =$

16 일 | 6을 곱하기

팁

a. 6을 두 개의 숫자로 분해한다 : 6=2×3
b. 주어진 식을 항이 세 개인 식으로 바꾼다 : 곱해지는 수×2×3
c. 곱해지는 수에 2를 곱한다.
d. 곱한 값에 3을 곱해 최종값을 얻는다.

문제 : 27×6 = ?

- 항이 세 개인 식으로 바꾼다
- 2를 곱한다
- 3을 곱한다

$27\times6=27\times2\times3$
$27\times2=54$
$54\times3=162$

문제 : 38×6 = ?

- 항이 세 개인 식으로 바꾼다
- 2를 곱한다
- 3을 곱한다

$38\times6=38\times2\times3$
$38\times2=76$
$76\times3=228$

연습문제

16.1 $14 \times 6 =$

16.2 $42 \times 6 =$

16.3 $23 \times 6 =$

16.4 $35 \times 6 =$

16.5 $72 \times 6 =$

16.6 $29 \times 6 =$

17 일 | 인수분해로 곱하기

팁

16번 팁(6 곱하기)을 통해 확인할 수 있듯이, 한 번에 큰 수를 곱하기보다 작은 수로 나누어 여러 번 곱하는 것이 훨씬 쉽다. 그러므로 곱하는 수를 여러 인수로 '분해'하는 전략을 팁으로 사용할 수 있다.

a. 곱하는 수를 여러 인수로 분해한다.
b. 곱해지는 수에 첫 번째 인수를 곱한다.
c. 곱한 값에 나머지 인수를 곱해 최종값을 얻는다.

문제 : 72×27 = ?

– 항이 세 개인 식으로 바꾼다	$72 \times 27 = 72 \times 9 \times 3$
– 9를 곱한다	$72 \times 9 = 648$
– 3을 곱한다	$648 \times 3 = 1944$

문제 : 45×16 = ?

– 항이 세 개인 식으로 바꾼다	$45 \times 16 = 45 \times 2 \times 8$
– 2를 곱한다	$45 \times 2 = 90$
– 8을 곱한다	$90 \times 8 = 720$

다른 팁과 함께 사용하기

첫 번째 인수를 곱할 때는 12번 팁(두 자리 수 왼쪽부터 곱하기)을 사용한다.

연습문제

17.1 $14 \times 35 =$

17.2 $42 \times 36 =$

17.3 $240 \times 18 =$

17.4 $354 \times 45 =$

17.5 $712 \times 56 =$

17.6 $294 \times 63 =$

18일 | 순서를 바꿔 곱하기

팁

여러 개의 수를 곱해야 할 경우 곱하는 순서를 바꿔 계산을 간단하게 만들면 훨씬 쉽다.

a. 10, 100, 1000 등의 배수가 나올 수 있도록 곱하는 순서를 바꾼다.
b. 첫 번째 곱하기를 계산한다.
c. 곱한 값에 나머지 수를 곱해 최종값을 얻는다.

문제 : $25 \times 27 \times 4 = ?$

- 순서를 바꾼다
- 첫 번째 곱하기를 계산한다
- 두 번째 곱하기를 계산한다

$25 \times 27 \times 4 = 25 \times 4 \times 27$

$25 \times 4 = 100$

$100 \times 27 = 2700$

문제 : $15 \times 9 \times 2 = ?$

- 순서를 바꾼다
- 첫 번째 곱하기를 계산한다
- 두 번째 곱하기를 계산한다

$15 \times 9 \times 2 = 15 \times 2 \times 9$

$15 \times 2 = 30$

$30 \times 9 = 270$

연습문제

18.1 $2 \times 7 \times 25 =$

18.2 $5 \times 37 \times 2 =$

18.3 $45 \times 59 \times 2 =$

18.4 $4 \times 41 \times 250 =$

18.5 $20 \times 71 \times 5 =$

18.6 $4 \times 294 \times 25 =$

19일 | 한 숫자가 반복되는 수 곱하기

팁

중간 계산을 위해 펜과 종이가 필요한 팁이긴 하지만 계산 시간을 대폭 줄일 수 있다!

a. 한 숫자로 반복되는 수가 뒤로 가도록 식의 순서를 바꾼다.
b. 반복되는 한 자리 수를 곱해지는 수에 한 번 곱한다.
c. 앞서 구한 값을 곱해지는 수의 자릿수만큼 아래로 적되, 한 칸씩 왼쪽으로 당겨가며 적는다. 만약 곱해지는 수가 세 자리 수라면 구한 값을 세 번 적으면 되고, 네 자리 수라면 네 번 적으면 된다.
d. 반복해 적은 수를 모두 더해 최종값을 얻는다.

문제 : 444×783 = ?

– 식의 순서를 바꾼다	$444 \times 783 = 783 \times 444$
– 반복되는 숫자를 한 번 곱한다	$783 \times 4 = 3132$
– 곱해지는 수의 자릿수만큼 아래로 적되, 한 칸씩 왼쪽으로 당겨가며 적는다	783 ×444 / 3132 / 3132 / 3132
– 모든 수를 더한다	347652

일반적인 계산법

- 444에 3을 곱한다
- 444에 8을 곱한다
- 444에 7을 곱한다
- 각 값을 더한다

$$
\begin{array}{r}
444 \\
\times 783 \\
\hline
1332 \\
3552 \\
3108 \\
\hline
347652
\end{array}
$$

이 팁을 사용하면 그냥 계산하는 것보다 세 배 더 빠르게 계산할 수 있다. 세 번 곱할 것을 한 번만 곱하면 되기 때문이다!

연습문제

19.1 123×333

19.2 $5555 \times 428 =$

19.3 $246 \times 77 =$

19.4 $329 \times 666 =$

19.5 $888 \times 45 =$

19.6 $9998 \times 1111 =$

20일 두 자리 수에 11을 곱하기

팁

a. 두 자리 수의 두 숫자 사이에 가상의 공백을 만든다.
b. 두 숫자를 더한다.
c. 더한 값을 두 숫자 사이의 공백에 넣어 최종값을 얻는다.

문제 : 34×11 = ?

– 두 자리 수의 두 숫자 사이에 공백을 만든다	34 ⋯→ 3_4
– 두 숫자를 더한다	3+4=7
– 더한 값을 두 숫자 사이에 넣는다	3_4 ⋯→ 374

문제 : 65×11 = ?

– 두 자리 수의 두 숫자 사이에 공백을 만든다	65 ⋯→ 6_5
– 두 숫자를 더한다	6+5=11
– 더한 값의 일의 자릿수를 두 숫자 사이에 넣는다	6_5 ⋯→ 615
– **이 경우** 더한 값이 10을 넘는 두 자리 수가 되었으므로 백의 자리에 **받아올림**해서(여기서는 1을 더해서) 최종값을 얻는다	715

연습문제

20.1 $81 \times 11 =$

20.2 $23 \times 11 =$

20.3 $14 \times 11 =$

20.4 $48 \times 11 =$

20.5 $11 \times 27 =$

20.6 $11 \times 11 =$

21일 | 두 자리 수에 111을 곱하기

팁

20번 팁(두 자리 수에 11을 곱하기)과 같은 전략을 사용하되, 여기서는 가상의 공백을 두 칸으로 만들어야 한다.

a. 두 자리 수의 두 숫자 사이에 두 칸의 가상의 공백을 만든다.
b. 두 숫자를 더한다.
c. 더한 값을 두 숫자 사이의 공백에 두 번 넣어 최종값을 얻는다.

문제 : 36×111 = ?

– 두 자리 수의 두 숫자 사이에 공백을 만든다	36 ···› 3_ _6
– 두 숫자를 더한다	3+6=9
– 더한 값을 두 숫자 사이에 넣는다	3_ _6 ···› 3996

문제 : 67×111 = ?

– 두 자리 수의 두 숫자 사이에 공백을 두 칸 만든다	67 ···› 6_ _7
– 두 숫자를 더한다	6+7=13
– 더한 값의 일의 자릿수를 두 숫자 사이에 넣는다	6_ _7 ···› 6337
– 이 경우 더한 값이 10을 넘는 두 자리 수가 되었으므로 백의 자리와 천의 자리에 받아올림해서(여기서는 각각 1을 더해서) 최종값을 얻는다	7437

연습문제

21.1 $81 \times 111 =$

21.2 $23 \times 111 =$

21.3 $14 \times 111 =$

21.4 $48 \times 111 =$

21.5 $111 \times 27 =$

21.6 $11 \times 111 =$

22일 | 두 자리 수에 101을 곱하기

팁

두 자리 수를 두 번 적어 붙이면 된다. 이게 끝이다!

문제 : 44×101 = ?

– 두 자리 수를 두 번 적는다 | $44 \times 101 = 4444$

문제 : 98×101 = ?

– 두 자리 수를 두 번 적는다 | $98 \times 101 = 9898$

연습문제

22.1 $55 \times 101 =$

22.2 $63 \times 101 =$

22.3 $101 \times 21 =$

22.4 $37 \times 101 =$

22.5 $73 \times 101 =$

22.6 $40 \times 101 =$

23일 | 5로 끝나는 수 제곱하기

팁

a. 제곱하는 수의 십의 자릿수를 바로 다음 정수와 곱한다.
b. 곱한 값의 오른쪽에 25를 붙여 최종값을 얻는다.

문제 : 35×35=?

– 십의 자릿수(3)를 바로 다음 정수(4)와 곱한다 | 3×4=12
– 오른쪽에 25를 붙인다 | 12 ⋯▸ 1225

문제 : 75^2=?

– 십의 자릿수(7)를 바로 다음 정수(8)와 곱한다 | 7×8=56
– 오른쪽에 25를 붙인다 | 56 ⋯▸ 5625

다른 팁과 함께 사용하기

115의 제곱값을 구할 때는 20번 팁(두 자리 수에 11을 곱하기)을 사용한다.

연습문제

23.1 $25 \times 25 =$

23.2 $65 \times 65 =$

23.3 $55 \times 55 =$

23.4 $95 \times 95 =$

23.5 $85 \times 85 =$

23.6 $105 \times 105 =$

24 일 | 십의 자릿수가 같고 일의 자릿수끼리의 합이 10인 두 수의 곱하기

팁

a. 십의 자릿수를 바로 다음 정수와 곱한다.

b. 곱한 값의 오른쪽에 일의 자릿수끼리 곱한 값을 붙여 최종값을 얻는다. 만약 일의 자릿수끼리 곱한 값이 10보다 작을 경우에는 앞에 0을 넣는다. (예를 들어 1×9는 09로 계산한다)

문제 : 37×33 = ?

– 십의 자릿수(3)를 바로 다음 정수(4)와 곱한다	3×4 = 12
– 일의 자릿수끼리 곱한 값을 오른쪽에 붙인다	12와 21(= 7×3) ⋯→ 1221

문제 : 72×78 = ?

– 십의 자릿수(7)를 바로 다음 정수(8)와 곱한다	7×8 = 56
– 일의 자릿수끼리 곱한 값을 오른쪽에 붙인다	56과 16(= 2×8) ⋯→ 5616

연습문제

24.1 $21 \times 29 =$

24.2 $64 \times 66 =$

24.3 $43 \times 47 =$

24.4 $96 \times 94 =$

24.5 $82 \times 88 =$

24.6 $104 \times 106 =$

25일 | 15를 곱하기

팁

a. 곱해지는 수에 10을 곱한다.
b. 곱한 값을 반으로 나눈다.
c. 나눈 값과 10을 곱한 값을 더해 최종값을 얻는다.

문제 : 7×15 = ?

– 7에 10을 곱한다	$7 \times 10 = 70$
– 70을 반으로 나눈다	$70 \div 2 = 35$
– 두 값을 더한다	$70 + 35 = 105$

문제 : 15×13 = ?

– 13에 10을 곱한다	$13 \times 10 = 130$
– 130을 반으로 나눈다	$130 \div 2 = 65$
– 반 값을 더한다	$130 + 65 = 195$

다른 팁과 함께 사용하기

곱해지는 수에 10을 곱한 뒤 반으로 나눈 값을 더해도 되지만, 먼저 곱해지는 수를 반으로 나눈 뒤 원래 수와 더해 10을 곱해도 상관없다. 순서만 다를 뿐 결과는 같기 때문이다.

연습문제

25.1 $5 \times 15 =$

25.2 $15 \times 9 =$

25.3 $19 \times 15 =$

25.4 $17 \times 15 =$

25.5 $46 \times 15 =$

25.6 $23 \times 15 =$

26일 2로 나누어 곱하기

팁

이번 팁은 나누어 곱하는 전략이 적용됐던 17번 팁(**인수분해로 곱하기**)의 변형이다.

a. 두 수 중 더 큰 수를 2로 나눈다.
b. 주어진 식을 항이 세 개인 식으로 바꾼다.
c. 첫 번째 곱하기를 한다.
d. 곱한 값에 2를 곱해 최종값을 얻는다.

문제 : 7×16 = ?

– 16을 2로 나눈다	$16 \div 2 = 8$
– 식을 바꾼다	$7 \times 16 = 7 \times 8 \times 2$
– 첫 번째 곱하기를 한다	$7 \times 8 = 56$
– 2를 곱한다	$56 \times 2 = 112$

문제 : 5×24 = ?

– 24을 2로 나눈다	$24 \div 2 = 12$
– 식을 바꾼다	$5 \times 24 = 5 \times 12 \times 2$
– 첫 번째 곱하기를 한다	$5 \times 12 = 60$
– 2를 곱한다	$60 \times 2 = 120$

연습문제

26.1 $6 \times 18 =$

26.2 $5 \times 22 =$

26.3 $8 \times 16 =$

26.4 $12 \times 22 =$

26.5 $7 \times 14 =$

26.6 $24 \times 28 =$

27일 | 0.5(또는 1/2)로 끝나는 수의 곱하기

팁

a. 0.5(또는 1/2)로 끝나는 수에 2를 곱한다.
b. 다른 수를 2로 나눈다.
c. 두 값을 곱해 최종값을 얻는다.

문제 : 3 1/2 ×18 = ?

- 1/2로 끝나는 수에 2를 곱한다	$3\frac{1}{2} \times 2 = 7$
- 다른 수를 2로 나눈다	$18 \div 2 = 9$
- 두 값을 곱한다	$7 \times 9 = 63$

문제 : 12×4.5 = ?

- 0.5로 끝나는 수에 2를 곱한다	$4.5 \times 2 = 9$
- 다른 수를 2로 나눈다	$12 \div 2 = 6$
- 두 값을 곱한다	$9 \times 6 = 54$

연습문제

27.1 $8 \times 9\ 1/2 =$

27.2 $14 \times 2\ 1/2 =$

27.3 $7.5 \times 6 =$

27.4 $12.5 \times 22 =$

27.5 $8\ 1/2 \times 8 =$

27.6 $120 \times 6\ 1/2 =$

28일 | 어떤 수로 나눌 수 있는지 알아보기

팁

2로 나눌 수 있는 수

마지막 숫자가 0, 2, 4, 6, 8(즉, 짝수)인 경우

3으로 나눌 수 있는 수

각 자릿수의 합이 3으로 나눠지는 경우

4로 나눌 수 있는 수

마지막 두 숫자가 4로 나눠지는 경우

5로 나눌 수 있는 수

마지막 숫자가 5 또는 0인 경우

6으로 나눌 수 있는 수

2로도 나눠지면서 3으로도 나눠지는 경우

7로 나눌 수 있는 수

음……. 팁으로 만들기엔 너무 복잡하다. 모두 완벽할 순 없는 법!

8로 나눌 수 있는 수

마지막 세 숫자가 8로 나눠지거나 000으로 끝나는 경우

9로 나눌 수 있는 수

각 자릿수의 합이 9로 나눠지는 경우

10으로 나눌 수 있는 수

마지막 숫자가 0인 경우

11로 나눌 수 있는 수

한 자리 숫자가 반복되면서 자릿수가 짝수(두 자리 수, 네 자리 수, 여섯 자리 수, 여덟 자리 수 등)인 경우, 세 자리 수일 때는 첫 번째와 마지막 숫자의 합이 가운데 숫자와 같거나, 또는 첫 번째 숫자와 마지막 숫자의 합이 10을 넘고 그 합에서 11을 뺀 값이 가운데 숫자와 같은 경우

12로 나눌 수 있는 수
3으로도 나눠지면서 4로도 나눠지는 경우
15로 나눌 수 있는 수
3으로도 나눠지면서 5로도 나눠지는 경우
20으로 나눌 수 있는 수
마지막 숫자(일의 자릿수)가 0이면서 그 앞의 숫자(십의 자릿수)가 짝수인 경우
22로 나눌 수 있는 수
짝수이면서 11로 나눠지는 경우
24로 나눌 수 있는 수
3으로도 나눠지면서 8로도 나눠지는 경우
25로 나눌 수 있는 수
마지막 두 숫자가 00, 25, 50, 75로 끝나는 경우
30으로 나눌 수 있는 수
마지막 숫자가 0이면서 전체 수가 3으로 나눠지는 경우

한편 자기 자신으로밖에 나눌 수 없는 수를 소수(素數)라고 한다. (3, 7, 13, 37, 53, 107, 179 등)

문제 : 36을 나눌 수 있는 정수는 무엇일까?

- 마지막 숫자가 짝수이므로 2로 나눌 수 있다.
- 각 숫자의 합인 3+6=9가 3으로 나눠지므로 3으로 나눌 수 있다.
- 마지막 두 숫자가 4로 나눠지므로 4로 나눌 수 있다.
- 2로도 나눠지면서 3으로도 나눠지므로 6으로 나눌 수 있다.
- 각 숫자의 합인 3+6=9가 9로 나눠지므로 9로 나눌 수 있다.
- 3으로도 나눠지면서 4로도 나눠지므로 12로 나눌 수 있다.
- 36(자기 자신)과 1로도 나눌 수 있다.

문제 : 150을 나눌 수 있는 정수는 무엇일까?

- 마지막 숫자가 0이므로 2로 나눌 수 있다.
- 각 숫자의 합인 1+5+0=6이 3으로 나눠지므로 3으로 나눌 수 있다.
- 마지막 숫자가 0이므로 5로 나눌 수 있다.
- 2로도 나눠지면서 3으로도 나눠지므로 6으로 나눌 수 있다.
- 마지막 숫자가 0이므로 10으로 나눌 수 있다.
- 3으로도 나눠지면서 5로도 나눠지므로 15로 나눌 수 있다.
- 마지막 두 숫자가 50이므로 25로 나눌 수 있다.
- 마지막 숫자가 0이면서 3으로도 나눠지므로 30으로 나눌 수 있다.
- 마지막 숫자가 0이면서 5로도 나눠지므로 50으로 나눌 수 있다.
- 마지막 두 숫자가 50이면서 3으로도 나눠지므로 75로 나눌 수 있다.
- 150(자기 자신)과 1로도 나눌 수 있다.

연습문제

28.1 다음 중 3으로 나눌 수 있는 수들을 골라보자.
13, 126, 145, 169, 172, 1721

28.2 다음 중 5로 나눌 수 있는 수들을 골라보자.
57, 145, 570, 1690, 1727, 1775

28.3 다음 중 9로 나눌 수 있는 수들을 골라보자.
36, 369, 745, 1691, 3645, 3699

28.4 다음 중 11로 나눌 수 있는 수들을 골라보자.
131, 323, 333, 777, 4444, 8888888

28.5 다음 중 15로 나눌 수 있는 수들을 골라보자.
155, 185, 475, 690, 4950, 17505

28.6 33으로 나눌 수 있는 수들을 골라보자.
263, 528, 4689, 16835, 181533, 495000

29일 | 0으로 끝나는 두 수(10, 100, 1000 등의 배수)의 나누기

팁

a. 각 수에서 같은 개수의 0을 지운다.
b. 남아 있는 수를 나누어 최종값을 얻는다.

문제 : 360÷40=?

– 같은 개수의 0을 지운다	360과 40 ⋯› 36과 4
– 나눈다	36÷4=9

문제 : 420000÷7000=?

– 같은 개수의 0을 지운다	420000과 7000 ⋯› 420과 7
– 나눈다	420÷7=60

연습문제

29.1 $540 \div 90 =$

29.2 $24000 \div 8000 =$

29.3 $7200 \div 90 =$

29.4 $1200000 \div 4000 =$

29.5 $4500 \div 500 =$

29.6 $750 \div 250 =$

30일 | 10으로 나누기

팁

a. 나눠지는 수가 0으로 끝나는 경우 0을 한 개 지우기만 하면 된다. (29번 팁 **(0으로 끝나는 두 수의 나누기)** 참고)

b. 나눠지는 수가 0으로 끝나지 않는 경우에는 마지막 숫자의 왼쪽에 소수점을 찍는다.

문제 : 4160÷10 = ?

– 나눠지는 수에서 0을 한 개 지운다 | 4160 ···› 416

문제 : 38÷10 = ?

– 마지막 숫자의 왼쪽에 소수점을 찍는다 | 38 ···› 3.8

다른 팁과 함께 사용하기

100으로 나눌 때는 나눠지는 수의 0을 두 개 지우거나(00으로 끝나는 경우) 마지막 두 숫자의 왼쪽에 소수점을 찍으면 된다.
1000으로 나눌 때는 나눠지는 수의 0을 세 개 지우거나(000으로 끝나는 경우) 마지막 세 숫자의 왼쪽에 소수점을 찍으면 된다.
만약 나눠지는 수의 끝에 있는 0의 개수가 나누는 수의 0의 개수보다 적을 경우, 우선 나눠지는 수의 0을 모두 지우고 남은 개수만큼의 마지막 숫자 왼쪽에 소수점을 찍는다. 예를 들어 2150÷100의 경우, 먼저 분자 끝의 0 한 개를 지우고 마지막 한 숫자의 왼쪽에 소수점을 찍으면 되므로 답은 21.5가 된다.

연습문제

30.1 $130 \div 10 =$

30.2 $25 \div 10 =$

30.3 $3000000 \div 10 =$

30.4 $96 \div 10 =$

30.5 $960 \div 100 =$

30.6 $1300 \div 100 =$

31일 | 4로 나누기

팁

나누기는 곱하기의 반대다. 그러니 이번 팁이 14번 팁(**4를 곱하기**)을 거꾸로 한 내용인 것도 당연한 일이다. 곱하기를 할 수 있다면 나누기도 할 수 있다!

a. 나눠지는 수를 2로 나눈다.
b. 나눈 값을 다시 한 번 2로 나누어 최종값을 얻는다.

문제 : 36÷4 = ?

– 나눠지는 수를 2로 나눈다	36÷2=18
– 다시 한 번 2로 나눈다	18÷2=9

문제 : 108÷4 = ?

– 나눠지는 수를 2로 나눈다	108÷2=54
– 다시 한 번 2로 나눈다	54÷2=27

연습문제

31.1 $64 \div 4 =$

31.2 $96 \div 4 =$

31.3 $38 \div 4 =$

31.4 $1200 \div 4 =$

31.5 $124 \div 4 =$

31.6 $150 \div 4 =$

32일 | 5로 나누기

팁

이번 팁은 15번 팁(5를 곱하기)을 거꾸로 하면 된다. 당연한 일이다!

a. 나눠지는 수에 2을 곱한다.
b. 곱한 값을 10으로 나누어 최종값을 얻는다.

문제 : 32÷5 = ?

- 나눠지는 수에 2를 곱한다 | $32 \times 2 = 64$
- 10으로 나눈다 | $64 \div 10 = 6.4$

문제 : 58÷5 = ?

- 나눠지는 수에 2를 곱한다 | $58 \times 2 = 116$
- 10으로 나눈다 | $116 \div 10 = 11.6$

다른 팁과 함께 사용하기

50으로 나눌 경우에는 2를 곱하고 100으로 나누면 된다. (나눈 값이 100의 배수일 때는 끝의 0을 두 개 지우면 되고, 그렇지 않을 때는 끝에서 두 번째 자리에 소수점을 찍으면 된다)

500으로 나누는 경우에는 2를 곱하고 1000으로 나누면 된다. (나눈 값이 1000의 배수일 때는 끝의 0을 세 개 지우면 되고, 그렇지 않을 때는 끝에서 세 번째 자리에 소수점을 찍으면 된다)

만약 2를 곱한 값의 끝에 있는 0의 개수가 나누는 수의 0의 개수보다 적을 경우, 우선 나눠지는 수의 0을 모두 지우고 난 뒤 남은 개수만큼의 마지막 숫자 왼쪽에 소수점을 찍는다. 예를 들어 2150÷500을 계산하려면 2150에 2를 곱하고 1000을 나누면 되는데, 2를 곱한 값인 4300에서 두 개의 0을 지우고 나머지 한 개만큼 마지막 숫자의 왼쪽에 소수점을 찍어야 하므로 최종값은 4.30이 된다.

연습문제

32.1 73÷5=

32.2 41÷5=

32.3 18÷5=

32.4 1200÷50=

32.5 124÷5=

32.6 49÷5=

33일 | 6으로 나누기

팁

a. 나눠지는 수를 2로 나눈다.
b. 나눈 값을 다시 한 번 3으로 나누어 최종값을 얻는다.

만약 나눠지는 수가 3의 배수라면 먼저 3으로 나누고 그 후 2로 나누면 더 쉽다.

문제 : 132÷6 = ?

- 나눠지는 수를 2로 나눈다 — $132 \div 2 = 66$
- 다시 한 번 3으로 나눈다 — $66 \div 3 = 22$

문제 : 132÷6 = ?

- 나눠지는 수를 2로 나눈다 — $270 \div 3 = 90$
- 다시 한 번 3으로 나눈다 — $90 \div 2 = 45$

연습문제

33.1 $84 \div 6 =$

33.2 $108 \div 6 =$

33.3 $90 \div 6 =$

33.4 $204 \div 6 =$

33.5 $126 \div 6 =$

33.6 $150 \div 6 =$

34일 | 짝수를 짝수로 나누기

팁

이번 팁의 전략은 큰 수보다는 작은 수를 나누기가 더 쉽다는 점에 기반을 두고 있다.

a. 두 수(나눠지는 수와 나누는 수)를 각각 2로 나눈다.
b. 나눈 두 값이 여전히 짝수일 때는 다시 한 번 2로 나누고, 계속해서 두 수 중 한 개 이상이 홀수가 될 때까지 이를 반복한다.
c. 마지막까지 나눠 나온 값으로 계산한다.

문제 : 144÷18 = ?

– 나눠지는 수를 2로 나눈다	$144 \div 2 = 72$
– 나누는 수를 2로 나눈다	$18 \div 2 = 9$
– 나눈 값으로 계산한다	$72 \div 9 = 8$

문제 : 200÷16 = ?

– 나눠지는 수를 2로 나눈다	$200 \div 2 = 100$
– 나누는 수를 2로 나눈다	$16 \div 2 = 8$
– 계속 2로 나눈다	$100 \div 2 = 50,\ 8 \div 2 = 4$
	$50 \div 2 = 25,\ 4 \div 2 = 2$
– 나눈 값으로 계산한다	$25 \div 2 = 12.5$

연습문제

34.1 $68 \div 8 =$

34.2 $84 \div 24 =$

34.3 $126 \div 14 =$

34.4 $156 \div 12 =$

34.5 $98 \div 14 =$

34.6 $900 \div 50 =$

35일 | 0.5(또는 1/2)로 끝나는 수로 나누기

팁

a. 나누는 수에 2를 곱한다.
b. 나눠지는 수에도 2를 곱한다.
c. 곱한 값끼리 나누어 최종값을 얻는다.

문제 : 26÷6.5 = ?

– 나누는 수에 2를 곱한다	$6.5 \times 2 = 13$
– 나눠지는 수에 2를 곱한다	$26 \times 2 = 52$
– 곱한 값끼리 나눈다	$52 \div 13 = 4$

문제 : 27÷4 1/2 = ?

– 나누는 수에 2를 곱한다	$4\frac{1}{2} \times 2 = 9$
– 나눠지는 수에 2를 곱한다	$27 \times 2 = 54$
– 곱한 값끼리 나눈다	$54 \div 9 = 6$

다른 팁과 함께 사용하기

만약 나누는 수에 2를 곱해 5가 나왔다면 32번 팁(5로 나누기)을 사용하자.

연습문제

35.1 $33 \div 5.5 =$

35.2 $20 \div 2\ 1/2 =$

35.3 $31.5 \div 3.5 =$

35.4 $28.5 \div 9.5 =$

35.5 $21 \div 3\ 1/2 =$

35.6 $12 \div 1.5 =$

36일 | 더한 값을 바로 '문자화'하기

팁

더하기가 여러 개 있는 식이라면 머릿속으로 계산 과정을 '전개'하기보다는, 더한 값을 바로 '글자'로 만들어 떠올리면 계산 시간을 줄일 수 있다.
예를 들어 3+8+4+9를 계산할 때는 '3 더하기 8은 11, 11 더하기 4는 15, 15 더하기 9는 24'라고 생각하는 것이 일반적이다.
하지만 계산 시간을 줄이려면 그 과정을 전부 떠올리기보다는 3+8을 보는 순간 바로 '11'이라는 숫자를 떠올리고, 4를 보고는 '15'라는 숫자를, 9를 보고는 '24'라는 숫자를 즉시 머릿속에 떠올려야 한다.
이렇게 더한 값을 '문자화'하는 연습을 할 때는 입으로 소리를 내면서 계산해보면 좋다! 눈으로 읽으면서 "11, 15, 24!"라고 말하며 계산하면 된다.

문제 : 4+9+5+3=?

- '4 더하기 9는 13'을 떠올리는 대신 바로 '13'을 떠올린다
- '13 더하기 5는 18'을 떠올리는 대신 바로 '18'을 떠올린다
- '18 더하기 3은 21'을 떠올리는 대신 바로 '21'을 떠올린다

문제 : 2+7+6+3+8=?

- '2 더하기 7는 9'를 떠올리지 않고 바로 '9'를 떠올린다
- '9 더하기 6은 15'를 떠올리는 대신 바로 '15'를 떠올린다
- '15 더하기 3은 18'을 떠올리는 대신 바로 '18'을 떠올린다
- '18 더하기 8은 26'을 떠올리는 대신 바로 '26'을 떠올린다

연습문제

36.1 $1+6+7+5=$

36.2 $8+2+6+7=$

36.3 $7+5+4+9=$

36.4 $6+9+8+5+7=$

36.5 $3+8+5+4+8=$

36.6 $5+3+4+8+9=$

37일 더한 값을 바로 '문자화'하기 : 한 번 더!

두 수의 사이에 다른 100의 배수(200, 300, 400 등)가 껴있다면 동일한 논리를 적용할 수 있다.

팁

a. 십의 자릿수들을 '문자화'하며 더한다.
b. 일의 자릿수들을 '문자화'하며 더한다.

문제 : 97 + 48 + 14 + 19 + 56 = ?

- 십의 자릿수들을 '문자화'하며 더한다 '90, 130, 140, 150, 200'
- 일의 자릿수들을 '문자화'하며 더한다 '207, 215, 219, 228, 234'

97
+48
+14
+19
+56
234

- 최종값을 구한다 ---- 234

문제 : 129 + 348 + 215 + 221 + 137 = ?

– 백의 자릿수들을 '문자화'하며 더한다 '100, 400, 600, 800, 900'
– 십의 자릿수들을 '문자화'하며 더한다 '920, 960, 970, 990, 1020'
– 일의 자릿수들을 '문자화'하며 더한다 '1029, 1037, 1042, 1043, 1050'

$$\begin{array}{r} 129 \\ +348 \\ +215 \\ +221 \\ +137 \\ \hline 1050 \end{array}$$

– 최종값을 구한다 ---------- 1050

연습문제

37.1 $11 + 36 + 47 + 50 =$

37.2 $28 + 52 + 63 + 79 =$

37.3 $247 + 15 + 34 + 59 =$

37.4 $63 + 39 + 82 + 55 + 76 =$

37.5 $413 + 852 + 534 + 379 + 666 =$

37.6 $25 + 13 + 44 + 38 + 9 =$

38일 | 가로로 더하기

이 팁은 계산할 숫자들이 세로로 정렬되어 있지 않은 경우, 즉 식이 '가로'로 쓰여 있을 경우에 더욱 유용하다. 이 전략을 사용하면 숫자들을 세로로 다시 정렬하는 것보다 훨씬 빠르게 계산할 수 있다. 특히 이 '가로'식에 쓰인 숫자들의 자리가 소수, 한 자리 수, 두 자리 수, 세 자리 수, 네 자리 수 등으로 다양할 수 있으므로 오른쪽 자릿수부터 왼쪽으로 계산하도록 한다.

팁

a. 일의 자릿수들을 '문자화'하며 더하고 그 값을 적는다.
b. 십의 자릿수들을 '문자화'하며 더하고 그 값을 앞서 더한 값보다 한 칸 당겨 적는다.
c. 백의 자릿수들을 '문자화'하며 더하고 그 값을 앞서 더한 값보다 한 칸 더 당겨 적는다.
d. 각 숫자의 자리에 유의하며 모든 값을 더한다.

문제 : 23 + 381 + 45 + 4836 + 659 + 7573 + 58 + 3319 = ?

– 일의 자릿수들을 문자화하며 더한다
.... '3, 4, 9, 15, 24, 27, 35, 44' 44

– 십의 자릿수들을 문자화하며 더한다
.... '2, 10, 14, 17, 22, 29, 34, 35' 35

– 백의 자릿수들을 문자화하며 더한다
.... '0, 3, 3, 11, 17, 22, 22, 25' 25

– 천의 자릿수들을 문자화하며 더한다
.... '0, 0, 0, 4, 4, 11, 11, 14' 14

– 각 숫자의 자리에 유의하며 더한다 16894

문제 : 2.35 + 3.84 + 45 + 83.60 + 0.59 + 7.22 + 0.8 + 51.45 = ?

– 소수 두 번째 자리를 문자화하며 더한다

.... '5, 9, 9, 9, 18, 20, 20, 25' 25

– 소수 첫 번째 자리를 문자화하며 더한다

.... '3, 11, 11, 17, 22, 24, 32, 36' 36

– 일의 자릿수들을 문자화하며 더한다

.... '2, 5, 10, 13, 13, 20, 20, 21' 21

– 십의 자릿수들을 문자화하며 더한다

.... '0, 0, 4, 12, 12, 12, 12, 17' 17

– 각 숫자의 자리에 유의하며 더한다 194.85

연습문제

38.1 157 + 36 + 417 + 5009 =

38.2 28.56 + 5.12 + 638.75 + 79.01 + 15.37 + 1002.23 =

38.3 24712 + 15.25 + 345 + 0.59 =

38.4 0.63 + 0.39 + 8.92 + 0.55 + 0.76 + 11.04 + 56.14 + 1.45 + 6.32 + 0.99 =

39일 | 곱한 값을 바로 '문자화'하기

팁

곱셈식에서도 머릿속으로 계산 과정을 '전개'하기보다는, 곱한 값을 바로 '글자'로 만들어 떠올리면서 더하면 계산 시간을 줄일 수 있다. 또한 순서 역시 쓰인 그대로 왼쪽부터 오른쪽으로 계산한다.

예를 들어 342×2를 계산할 때는 '2 곱하기 2는 4, 4 곱하기 2는 8, 3 곱하기 2는 6, 그러면 답은 684'라고 생각하는 것이 일반적이다.

하지만 계산 시간을 줄이려면 일의 자릿수 즉 오른쪽부터가 아니라 왼쪽부터, 이 식의 경우 백의 자릿수부터 계산하도록 한다. 먼저 백의 자릿수인 3을 보면서 바로 '600'이라는 숫자를 떠올리고, 십의 자릿수인 4를 보면서 '80'을, 일의 자릿수인 2를 보고는 '4'를 즉시 떠올려야 한다.

이렇게 곱한 값을 '문자화'하는 연습을 할 때는 입으로 소리를 내면서 계산해보면 좋다! 예로 든 식의 경우, 숫자들을 눈으로 읽으면서 "600, 80, 4!"라고 말하며 계산하면 된다.

문제 : 234×2=?

– '2 곱하기 2'를 떠올리지 않는다	즉시 '400'을 떠올린다
– '3 곱하기 2'를 떠올리지 않는다	즉시 '60'을 떠올린다
– '4 곱하기 2'를 떠올리지 않는다	즉시 '8'을 떠올린다
	최종값은 468

문제 : 324×3=?

– '3 곱하기 3'을 떠올리지 않는다	즉시 '900'을 떠올린다
– '2 곱하기 3'을 떠올리지 않는다	즉시 '60'을 떠올린다
– '4 곱하기 3'을 떠올리지 않는다	즉시 '12'를 떠올린다
	최종값은 972

연습문제

39.1 $123 \times 2 =$

39.2 $125 \times 3 =$

39.3 $443 \times 2 =$

39.4 $504 \times 2 =$

39.5 $413 \times 3 =$

39.6 $2431 \times 2 =$

40일 | 소수점이 포함된 수 곱하기

팁

a. 모든 수에서 소수점을 지운다.

b. 소수점 없이 곱한다.

c. 곱한 값에 지웠던 소수점을 다시 붙인다. 주의할 점은 지운 소수점들의 자릿수를 모두 더해 최종값의 소수점 자릿수를 구해야 한다. 예를 들어 15.45×2.34의 경우 소수점 아래 자릿수가 총 네 개(곱해지는 수에서 두 개: 15.46, 곱하는 수에서 두 개: 2.34)이므로, 소수점 없이 곱한 값의 끝에서 네 번 째 자리에 소수점을 찍은 36.1764가 최종값이 된다. 만약 지워진 소수점 자릿수의 총 개수보다 소수점 없이 곱한 값의 자릿수가 더 적을 때는 왼쪽에 0을 넣어 개수를 맞춘다. 예를 들어 0.12×0.012의 경우 소수점 자릿수가 총 다섯 개므로, 소수점 없이 곱한 값의 앞에 0을 붙여서(0.00144) 자릿수를 맞춰줘야 한다.

문제 : 3×1.2 = ?

– 소수점을 지운다	3×12
– 곱한다	3×12 = 36
– 소수점을 찍는다	3.6

문제 : 2.25×4 = ?

– 소수점을 지운다	225×4
– 곱한다	225×4 = 900
– 소수점을 찍는다	9.00

연습문제

40.1 $2.3 \times 4 =$

40.2 $1.4 \times 1.4 =$

40.3 $300 \times 3.2 =$

40.4 $14 \times 0.14 =$

40.5 $1.2 \times 600 =$

40.6 $5.32 \times 1.1 =$

41일 | 9를 곱하기

팁

a. 곱해지는 수에 10을 곱한다.

b. 곱한 값에서 곱하는 수를 빼 최종값을 구한다.

문제 : 17×9 = ?

– 10을 곱한다	$17 \times 10 = 170$
– 곱하는 수를 뺀다	$170 - 17 = 153$

문제 : 9×24 = ?

– 10을 곱한다	$24 \times 10 = 240$
– 곱하는 수를 뺀다	$240 - 24 = 216$

연습문제

41.1 $18 \times 9 =$

41.2 $14 \times 9 =$

41.3 $25 \times 9 =$

41.4 $9 \times 17 =$

41.5 $9 \times 23 =$

41.6 $9 \times 170 =$

42일 | 9로 끝나는 수 (19, 29, 39, 49 등)를 곱하기

팁

a. 9로 끝나는 수의 바로 다음 정수인 10의 배수를 곱한다 : 19면 20을, 29면 30을, 39면 40을 곱한다.

b. 곱한 값에서 곱하는 수를 빼 최종값을 구한다.

문제 : 17×19 = ?

– 20을 곱한다	$17 \times 20 = 340$
– 곱하는 수를 뺀다	$340 - 17 = 323$

문제 : 69×24 = ?

– 70을 곱한다	$24 \times 70 = 1680$
– 곱하는 수를 뺀다	$1680 - 24 = 1656$

연습문제

42.1 $18 \times 39 =$

42.2 $14 \times 59 =$

42.3 $25 \times 29 =$

42.4 $79 \times 18 =$

42.5 $189 \times 13 =$

42.6 $999 \times 391 =$

43일 | 1로 끝나는 수(21, 31, 41, 51 등)를 곱하기

팁

42번 팁(9로 끝나는 수를 곱하기)과 같은 전략이지만, 곱하는 수의 다음 정수가 아닌 이전 정수를 곱하고, 그 값에서 곱하는 수를 빼지 않고 더하면 된다.

a. 1로 끝나는 수의 바로 이전 정수인 10의 배수를 곱한다 : 21이면 20을, 31이면 30을, 41이면 40을 곱한다.
b. 곱한 값에 곱하는 수를 더해 최종값을 구한다.

문제 : 17×21 = ?

- 20을 곱한다 — $17 \times 20 = 340$
- 곱하는 수를 더한다 — $340 + 17 = 357$

문제 : 51×24 = ?

- 50을 곱한다 — $24 \times 50 = 1200$
- 곱하는 수를 더한다 — $1200 + 24 = 1224$

연습문제

43.1 $18 \times 41 =$

43.2 $14 \times 61 =$

43.3 $25 \times 31 =$

43.4 $81 \times 18 =$

43.5 $91 \times 13 =$

43.6 $121 \times 35 =$

44일 | 12를 곱하기

팁

a. 곱해지는 수에 10을 곱한다.
b. 곱한 값에 곱해지는 수의 두 배를 더해 최종값을 얻는다.

문제 : 21×12=?

– 10을 곱한다	$21 \times 10 = 210$
– 2를 곱한다	$21 \times 2 = 42$
– 두 값을 더한다	$210 + 42 = 252$

문제 : 12×16=?

– 10을 곱한다	$16 \times 10 = 160$
– 2를 곱한다	$16 \times 2 = 32$
– 두 값을 더한다	$160 + 32 = 192$

연습문제

44.1 $18 \times 12 =$

44.2 $35 \times 12 =$

44.3 $27 \times 12 =$

44.4 $12 \times 75 =$

44.5 $12 \times 17 =$

44.6 $12 \times 152 =$

45일 | 11~19 사이의 두 수 곱하기

팁

a. 곱해지는 수의 일의 자릿수를 곱하는 수와 더한다.
b. 더한 값에 10을 곱한다.
c. 두 수의 일의 자릿수끼리 곱한다.
d. 두 곱한 값을 더해 최종값을 얻는다.

문제 : 16×13 = ?

– 곱해지는 수의 일의 자릿수를 곱하는 수와 더한다	$6+13=19$
– 10을 곱한다	$19\times10=190$
– 두 수의 일의 자릿수끼리 곱한다	$6\times3=18$
– 두 곱한 값을 더한다	$190+18=208$

문제 : 15×18 = ?

– 곱해지는 수의 일의 자릿수를 곱하는 수와 더한다	$5+18=23$
– 10을 곱한다	$23\times10=230$
– 두 수의 일의 자릿수끼리 곱한다	$5\times8=40$
– 두 곱한 값을 더한다	$230+40=270$

연습문제

45.1 $18 \times 17 =$

45.2 $14 \times 12 =$

45.3 $11 \times 19 =$

45.4 $17 \times 14 =$

45.5 $13 \times 19 =$

45.6 $15 \times 16 =$

46일 | 25를 곱하기

팁

a. 곱해지는 수를 4로 나눈다.
b. 나눈 값에 100을 곱해 최종값을 얻는다.

문제 : 16×25 = ?

– 4로 나눈다	$16 \div 4 = 4$
– 100을 곱한다	$4 \times 100 = 400$

문제 : 25×28 = ?

– 4로 나눈다	$28 \div 4 = 7$
– 100을 곱한다	$7 \times 100 = 700$

다른 팁과 함께 사용하기

4로 나눌 때는 31번 팁(4로 나누기)을 사용한다.
100을 곱할 때는 11번 팁(0으로 끝나는 수 곱하기)를 사용한다.
250을 곱하는 경우에는 4로 나눈 뒤 1000을 곱한다.
2.5를 곱하는 경우에는 4로 나눈 뒤 10을 곱한다.
125를 곱하는 경우에는 8로 나눈 뒤 1000을 곱한다.
0.125를 곱하는 경우에는 8로 나누면 된다.
곱하기를 먼저 하고 그다음에 나누는 편이 더 쉽다면 그렇게 해도 된다.
순서만 다를 뿐 결과는 같다.

연습문제

46.1 $24 \times 25 =$

46.2 $36 \times 25 =$

46.3 $40 \times 25 =$

46.4 $125 \times 48 =$

46.5 $250 \times 56 =$

46.6 $172 \times 25 =$

47일 | 75를 곱하기

팁

a. 곱해지는 수에 3을 곱한다.

b. 곱한 값을 4로 나눈다.

c. 나눈 값에 100을 곱해 최종값을 얻는다.

문제 : 16×75 = ?

– 3을 곱한다	$16 \times 3 = 48$
– 4로 나눈다	$48 \div 4 = 12$
– 100을 곱한다	$12 \times 100 = 1200$

문제 : 75×60 = ?

– 3을 곱한다	$60 \times 3 = 180$
– 4로 나눈다	$180 \div 4 = 45$
– 100을 곱한다	$45 \times 100 = 4500$

다른 팁과 함께 사용하기

4로 나눌 때는 31번 팁(**4로 나누기**)을 사용한다.

100을 곱할 때는 11번 팁(**0으로 끝나는 수 곱하기**)를 사용한다.

750을 곱하는 경우에는 3을 곱하고 4로 나눈 뒤 1000을 곱한다.

7.5를 곱하는 경우에는 3을 곱하고 4로 나눈 뒤 10을 곱한다.

150을 곱하는 경우에는 6을 곱하고 4로 나눈 뒤 100을 곱한다.

0.15를 곱하는 경우에는 6을 곱하고 4로 나눈 뒤 10으로 나눈다.

곱하기를 먼저 하고 그다음에 나누는 편이 더 쉽다면 그렇게 해도 된다. 순서만 다를 뿐 결과는 같기 때문이다.

연습문제

47.1 $24 \times 75 =$

47.2 $36 \times 75 =$

47.3 $40 \times 75 =$

47.4 $75 \times 48 =$

47.5 $750 \times 56 =$

47.6 $142 \times 75 =$

48일 | 1 또는 9로 끝나는 수 제곱하기

팁

a. 제곱하는 수보다 1이 작은 정수와 1이 큰 정수를 서로 곱한다.
b. 곱한 값에 1을 더해 최종값을 얻는다.

문제 : 31×31(또는 31^2) = ?

- 31보다 1이 작은 수와 큰 수를 곱한다 | 30×32 = 960
- 1을 더한다 | 960 + 1 = 961

문제 : 19×19(또는 19^2) = ?

- 19보다 1이 작은 수와 큰 수를 곱한다 | 18×20 = 360
- 1을 더한다 | 360 + 1 = 361

연습문제

48.1 $21 \times 21 =$

48.2 $11 \times 11 =$

48.3 $61 \times 61 =$

48.4 $29 \times 29 =$

48.5 $39 \times 39 =$

48.6 $79 \times 79 =$

49일 | 2 또는 8로 끝나는 수 제곱하기

팁

a. 제곱하는 수보다 2가 작은 정수와 2가 큰 정수를 서로 곱한다.
b. 곱한 값에 4를 더해 최종값을 얻는다.

문제 : 22×22(또는 22^2) = ?

- 22보다 2가 작은 수와 큰 수를 곱한다 | $20 \times 24 = 480$
- 4를 더한다 | $480 + 4 = 484$

문제 : 38×38(또는 38^2) = ?

- 38보다 2가 작은 수와 큰 수를 곱한다 | $36 \times 40 = 1440$
- 4를 더한다 | $1440 + 4 = 1444$

연습문제

49.1 $18 \times 18 =$

49.2 $32 \times 32 =$

49.3 $28 \times 28 =$

49.4 $42 \times 42 =$

49.5 $68 \times 68 =$

49.6 $72 \times 72 =$

50일 | 3 또는 7로 끝나는 수 제곱하기

팁

a. 제곱하는 수보다 3이 작은 정수와 3이 큰 정수를 서로 곱한다.
b. 곱한 값에 9를 더해 최종값을 얻는다.

문제 : 23×23(또는 23^2) = ?

- 23보다 3이 큰 수와 작은 수를 곱한다 — $26 \times 20 = 520$
- 9를 더한다 — $520 + 9 = 529$

문제 : 17×17(또는 17^2) = ?

- 17보다 3이 큰 수와 작은 수를 곱한다 — $20 \times 14 = 280$
- 9를 더한다 — $280 + 9 = 289$

연습문제

50.1 $13 \times 13 =$

50.2 $27 \times 27 =$

50.3 $43 \times 43 =$

50.4 $67 \times 67 =$

50.5 $73 \times 73 =$

50.6 $87 \times 87 =$

51일 | 4로 끝나는 수 제곱하기

팁

a. 4로 끝나는 수보다 1이 큰 정수(즉 5로 끝나는 수)를 제곱한다. 이때 23번 팁(5로 끝나는 수 제곱하기)을 사용한다.
b. 4로 끝나는 수를 1이 큰 정수와 더한다.
c. 제곱한 값에서 더한 값을 빼 최종값을 얻는다

문제 : 34×34(또는 34^2) = ?

– 35를 제곱한다	3×4 = 12; 25를 붙이면 ⋯▸ 1225
– 1이 큰 수와 더한다	34 + 35 = 69
– 제곱한 값에서 뺀다	1225 – 69 = 1156

문제 : 14×14(또는 14^2) = ?

– 15를 제곱한다	1×2 = 2; 25를 붙이면 ⋯▸ 225
– 1이 큰 수와 더한다	14 + 15 = 29
– 제곱한 값에서 뺀다	225–29 = 196

연습문제

51.1 $24 \times 24 =$

51.2 $64 \times 64 =$

51.3 $44 \times 44 =$

51.4 $74 \times 74 =$

51.5 $84 \times 84 =$

51.6 $54 \times 54 =$

52일 | 6으로 끝나는 수 제곱하기

팁

a. 6으로 끝나는 수보다 1이 작은 정수(즉 5로 끝나는 수)를 제곱한다. 이 때 23번 팁(5로 끝나는 수 제곱하기)을 사용한다.
b. 6으로 끝나는 수를 1이 작은 정수와 더한다.
c. 제곱한 값에 더한 값을 더해 최종값을 얻는다.

문제 : 36×36(또는 36^2) = ?

– 35를 제곱한다	3×4 = 12; 25를 붙이면 ⋯→ 1225
– 1이 작은 수와 더한다	36 + 35 = 71
– 제곱한 값에 더한다	1225 + 71 = 1296

문제 : 16×16(또는 16^2) = ?

– 15를 제곱한다	1×2 = 2; 25를 붙이면 ⋯→ 225
– 1이 작은 수와 더한다	16 + 15 = 31
– 제곱한 값에 더한다	225 + 31 = 256

연습문제

52.1 $26 \times 26 =$

52.2 $46 \times 46 =$

52.3 $76 \times 76 =$

52.4 $66 \times 66 =$

52.5 $56 \times 56 =$

52.6 $86 \times 86 =$

53일 | 25로 끝나는 수 제곱하기

팁

a. 오른쪽 끝에 0625를 적는다. (23번 팁 **5로 끝나는 수 제곱하기** 참고)
b. 제곱하는 수에서 25의 앞에 있는 숫자의 제곱값을 구해 0625의 앞에 적는다. 예를 들어, 725를 제곱하는 경우 7의 제곱값인 49를 0625앞에 붙인 490625가 된다.
c. 25를 제외한 숫자에 5를 곱하고 끝에 000을 붙여 앞서 계산한 값과 더해 최종값을 얻는다. 예를 들어, 725를 제곱하는 경우 7×5=350이므로 490625와 35000을 더해 525625를 만들면 된다.

문제 : 225×225(또는 225^2) = ?

– 0625를 적는다	0625
– 2의 제곱을 앞에 붙인다	0625에 4를 붙이면 ···▸ 40625
– 2×5에 000을 붙여 더한다	10000 + 40625 = 50625

문제 : 1225×1225(또는 1225^2) = ?

– 0625를 적는다	0625
– 12의 제곱을 앞에 붙인다	0625에 144를 붙이면 ···▸ 1440625
– 12×5에 000을 곱해 더한다	60000 + 1440625 = 1500625

다른 팁과 함께 사용하기

제곱하는 수에서 25의 앞에 있는 숫자의 제곱값을 구할 때는 앞에 나온 제곱하기 팁들을 참고한다. (48번 **1 또는 9로 끝나는 수 제곱하기**, 49번 **2 또는 8로 끝나는 수 제곱하기**, 50번 **3 또는 7로 끝나는 수 제곱하기**, 51번 **4로 끝나는 수 제곱하기**, 52번 **6으로 끝나는 수 제곱하기** 등)

연습문제

53.1 $125 \times 125 =$

53.2 $325 \times 325 =$

53.3 $525 \times 525 =$

53.4 $925 \times 925 =$

53.5 $1125 \times 1125 =$

53.6 $2425 \times 2425 =$

54일 차가 1인 두 정수 곱하기

팁

a. 두 정수 중 작은 수를 제곱한다.
b. 제곱한 값에 작은 수를 더해 최종값을 구한다.

문제 : 11×12 = ?

– 작은 수를 제곱한다	$11 \times 11 = 121$
– 작은 수를 더한다	$121 + 11 = 132$

문제 : 41×40 = ?

– 작은 수를 제곱한다	$40 \times 40 = 1600$
– 작은 수를 더한다	$1600 + 40 = 1640$

다른 팁과 함께 사용하기

5로 끝나는 수를 제곱할 때는 23번 팁(5로 끝나는 수 제곱하기)을 사용한다.
0으로 끝나는 수를 제곱할 때는 11번 팁(0으로 끝나는 수 곱하기)을 사용한다.

연습문제

54.1 $16 \times 15 =$

54.2 $24 \times 23 =$

54.3 $18 \times 19 =$

54.4 $17 \times 16 =$

54.5 $101 \times 100 =$

54.6 $120 \times 121 =$

55일 차가 2인 두 정수 곱하기

팁

a. 두 정수의 평균값을 구한다.
b. 평균값을 제곱한다.
c. 제곱한 값에서 1을 빼 최종값을 구한다.

문제 : 11×13 = ?

- 두 정수의 평균값을 구한다 — $(11 + 13) \div 2 = 12$
- 제곱한다 — $12 \times 12 = 144$
- 1을 뺀다 — $144 - 1 = 143$

문제 : 39×41 = ?

- 두 정수의 평균값을 구한다 — $(39 + 41) \div 2 = 40$
- 제곱한다 — $40 \times 40 = 1600$
- 1을 뺀다 — $1600 - 1 = 1599$

다른 팁과 함께 사용하기

5로 끝나는 수를 제곱할 때는 23번 팁(**5로 끝나는 수 제곱하기**)을 사용한다.
0으로 끝나는 수를 제곱할 때는 11번 팁(**0으로 끝나는 수 곱하기**)을 사용한다.

연습문제

55.1 $16 \times 14 =$

55.2 $24 \times 26 =$

55.3 $19 \times 21 =$

55.4 $17 \times 15 =$

55.5 $101 \times 99 =$

55.6 $149 \times 151 =$

56일 | 차가 4인 두 정수 곱하기

팁

a. 두 정수의 평균값을 구한다.
b. 평균값을 제곱한다.
c. 제곱한 값에서 4를 빼 최종값을 구한다.

문제 : 11×15 = ?

– 두 정수의 평균값을 구한다	$(11+15)\div 2=13$
– 제곱한다	$13\times 13=169$
– 4를 뺀다	$169-4=165$

문제 : 38×42 = ?

– 두 정수의 평균값을 구한다	$(38+42)\div 2=40$
– 제곱한다	$40\times 40=1600$
– 4를 뺀다	$1600-4=1596$

다른 팁과 함께 사용하기

5로 끝나는 수를 제곱할 때는 23번 팁(**5로 끝나는 수 제곱하기**)을 사용한다.
0으로 끝나는 수를 제곱할 때는 11번 팁(**0으로 끝나는 수 곱하기**)을 사용한다.

연습문제

56.1 $16 \times 12 =$

56.2 $21 \times 25 =$

56.3 $9 \times 13 =$

56.4 $17 \times 13 =$

56.5 $102 \times 98 =$

56.6 $142 \times 138 =$

57일 | 차가 6인 두 정수 곱하기

팁

a. 두 정수의 평균값을 구한다.
b. 평균값을 제곱한다.
c. 제곱한 값에서 9를 빼 최종값을 구한다.

문제 : 15×21 = ?

- 두 정수의 평균값을 구한다 — $(15+21)\div 2=18$
- 제곱한다 — $18\times 18=324$
- 9를 뺀다 — $324-9=315$

문제 : 24×18 = ?

- 두 정수의 평균값을 구한다 — $(24+18)\div 2=21$
- 제곱한다 — $21\times 21=441$
- 9를 뺀다 — $441-9=432$

다른 팁과 함께 사용하기

5로 끝나는 수를 제곱할 때는 23번 팁(**5로 끝나는 수 제곱하기**)을 사용한다.
0으로 끝나는 수를 제곱할 때는 11번 팁(**0으로 끝나는 수 곱하기**)을 사용한다.

연습문제

57.1 $14 \times 8 =$

57.2 $23 \times 17 =$

57.3 $27 \times 33 =$

57.4 $17 \times 11 =$

57.5 $103 \times 97 =$

57.6 $153 \times 147 =$

58일 | 차가 10인 5로 끝나는 두 수 곱하기

팁

a. 두 수의 평균값을 구한다. 이 경우 평균값은 항상 0으로 끝난다.
b. 평균값을 제곱한다.
c. 제곱한 값에서 25를 빼 최종값을 구한다

문제 : 15×25 = ?

– 두 정수의 평균값을 구한다	$(15+25)\div2=20$
– 제곱한다	$20\times20=400$
– 25를 뺀다	$400-25=375$

문제 : 85×75 = ?

– 두 정수의 평균값을 구한다	$(85+75)\div2=80$
– 제곱한다	$80\times80=6400$
– 25를 뺀다	$6400-25=6375$

다른 팁과 함께 사용하기

0으로 끝나는 수를 제곱할 때는 11번 팁(0으로 끝나는 수 곱하기)을 사용한다.

연습문제

58.1 $45 \times 55 =$

58.2 $95 \times 85 =$

58.3 $65 \times 75 =$

58.4 $25 \times 35 =$

58.5 $35 \times 45 =$

58.6 $105 \times 95 =$

59일 | 차가 20인 5로 끝나는 두 수 곱하기

팁

a. 두 정수의 평균값을 구한다. 이 경우 평균값은 항상 5로 끝난다.
b. 평균값을 제곱한다.
c. 제곱한 값에서 100을 빼 최종값을 구한다.

문제 : 15×35 = ?

– 두 정수의 평균값을 구한다	$(15+35)\div 2=25$
– 제곱한다	$25\times 25=625$
– 100을 뺀다	$625-100=525$

문제 : 95×75 = ?

– 두 정수의 평균값을 구한다	$(95+75)\div 2=85$
– 제곱한다	$85\times 85=7225$
– 100을 뺀다	$7225-100=7125$

다른 팁과 함께 사용하기

5로 끝나는 수를 제곱할 때는 23번 팁(**5로 끝나는 수 제곱하기**)을 사용한다.

연습문제

59.1 $45 \times 65 =$

59.2 $65 \times 85 =$

59.3 $95 \times 75 =$

59.4 $25 \times 45 =$

59.5 $35 \times 55 =$

59.6 $105 \times 85 =$

60일 | 5로 시작하는 수 제곱하기

팁

a. 일의 자릿수와 25를 더한다.
b. 일의 자릿수를 제곱한다. 만약 제곱값이 10보다 작을 경우에는 앞에 0을 붙인다. (예를 들어 01, 04, 09 등)
c. 두 값을 순서대로 붙여 최종값을 구한다.

문제 : 53×53(또는 53^2) = ?

– 일의 자릿수와 25를 더한다(최종값의 앞부분에 해당)	25+3=28
– 일의 자릿수를 제곱한다(최종값의 뒷부분에 해당)	3×3=09
– 두 값을 붙인다	2809

문제 : 56×56(또는 56^2) = ?

– 일의 자릿수와 25를 더한다(최종값의 앞부분에 해당)	25+6=31
– 일의 자릿수를 제곱한다(최종값의 뒷부분에 해당)	6×6=36
– 두 값을 붙인다	3136

연습문제

60.1 $51 \times 51 =$

60.2 $52 \times 52 =$

60.3 $54 \times 54 =$

60.4 $57 \times 57 =$

60.5 $58 \times 58 =$

60.6 $59 \times 59 =$

61일 | 91~99 사이의 수 제곱하기

팁

a. 제곱할 수를 100에서 뺀 차를 구한다.
b. 100과의 차를 제곱할 수에서 빼 최종값의 앞부분에 해당하는 숫자를 구한다.
c. 100과의 차를 제곱해 최종값의 뒷부분에 해당하는 숫자를 구한다. 만약 제곱한 값이 10보다 작을 경우에는 앞에 0을 붙인다. (01, 04, 09 등)
d. 두 값을 순서대로 붙여 최종값을 얻는다.

문제 : 93×93(또는 93^2) = ?

– 100과의 차를 구한다	100 – 93 = 7
– 제곱할 수에서 차를 뺀다(최종값의 앞부분에 해당)	93 – 7 = 86
– 100과의 차를 제곱한다(최종값의 뒷부분에 해당)	7×7 = 49
– 두 값을 붙인다	8649

문제 : 97×97(또는 97^2) = ?

– 100과의 차를 구한다	100 – 97 = 3
– 제곱할 수에서 차를 뺀다(최종값의 앞부분에 해당)	97 – 3 = 94
– 100과의 차를 제곱한다(최종값의 뒷부분에 해당)	3×3 = 09
– 두 값을 붙인다	9409

연습문제

61.1 $92 \times 92 =$

61.2 $94 \times 94 =$

61.3 $91 \times 91 =$

61.4 $95 \times 95 =$

61.5 $98 \times 98 =$

61.6 $96 \times 96 =$

62일 | 101~109 사이의 수 제곱하기

팁

a. 제곱할 수를 100에서 뺀 차를 구한다.
b. 100과의 차를 제곱할 수에 더해 최종값의 앞부분에 해당하는 숫자를 구한다.
c. 100과의 차를 제곱해 최종값의 뒷부분에 해당하는 숫자를 구한다. 만약 제곱한 값이 10보다 작을 경우에는 앞에 0을 붙인다. (01, 04, 09 등)
d. 두 값을 순서대로 붙여 최종값을 얻는다.

문제 : 102×102(또는 102^2) = ?

– 100과의 차를 구한다	$102 - 100 = 2$
– 제곱할 수에 차를 더한다(최종값의 앞부분에 해당)	$102 + 2 = 104$
– 100과의 차를 제곱한다(최종값의 뒷부분에 해당)	$2 \times 2 = 4$
– 두 값을 붙인다	10404

문제 : 107×107(또는 107^2) = ?

– 100과의 차를 구한다	$107 - 100 = 7$
– 제곱할 수에 차를 더한다(최종값의 앞부분에 해당)	$107 + 7 = 114$
– 100과의 차를 제곱한다(최종값의 뒷부분에 해당)	$7 \times 7 = 49$
– 두 값을 붙인다	11449

연습문제

62.1 $103 \times 103 =$

62.2 $104 \times 104 =$

62.3 $109 \times 109 =$

62.4 $106 \times 106 =$

62.5 $105 \times 105 =$

62.6 $108 \times 108 =$

63일 | 60~90 사이의 수 제곱하기

팁

a. 제곱할 수를 100에서 뺀 차를 구한다.
b. 100과의 차를 제곱할 수에서 빼 최종값의 앞부분에 해당하는 숫자를 구한다.
c. 100과의 차를 제곱해 최종값의 뒷부분에 해당하는 숫자를 구한다. 만약 제곱한 값이 100보다 클 경우에는 받아올림한다.
d. 두 값을 순서대로 붙여 최종값을 얻는다. (제곱한 값이 100보다 클 경우 백의 자리 또는 천의 자리에 잊지 않고 받아올림한다)

문제 : 88×88(또는 88^2) = ?

– 100과의 차를 구한다	100 − 88 = 12
– 제곱할 수에서 차를 뺀다(최종값의 앞부분에 해당)	88 − 12 = 76
– 100과의 차를 제곱한다(최종값의 뒷부분에 해당)	12×12 = 144
– **받아올림에 유의하며** 두 값을 붙인다	76(00) + 144 = 7744

문제 : 65×65(또는 65^2) = ?

– 100과의 차를 구한다	100 − 65 = 35
– 제곱할 수에서 차를 뺀다(최종값의 앞부분에 해당)	65 − 35 = 30
– 100과의 차를 제곱한다(최종값의 뒷부분에 해당)	35×35 = 1225
– **받아올림에 유의하며** 두 값을 붙인다	30(00) + 1225 = 4225

다른 팁과 함께 사용하기

65^2의 경우 더 간단히 계산할 수 있다! 23번 팁(**5로 끝나는 수 제곱하기**)을 사용하면 된다.

연습문제

63.1 $89 \times 89 =$

63.2 $67 \times 67 =$

63.3 $73 \times 73 =$

63.4 $86 \times 86 =$

63.5 $81 \times 81 =$

63.6 $69 \times 69 =$

64일 | 110 이상의 수 제곱하기

팁

a. 제곱할 수에서 100을 뺀 차를 구한다.

b. 100과의 차를 제곱할 수에 더해 최종값의 앞부분에 해당하는 숫자를 구한다.

c. 100과의 차를 제곱해 최종값의 뒷부분에 해당하는 숫자를 구한다. 만약 제곱한 값이 100보다 클 경우에는 받아올림한다.

d. 두 값을 순서대로 붙여 최종값을 얻는다. (최종값의 백의 자리 또는 천의 자리에 받아올림하는 것을 잊지 않도록 한다)

문제 : 112×112(또는 112^2) = ?

– 100과의 차를 구한다	$112 - 100 = 12$
– 제곱할 수에 차를 더한다(최종값의 앞부분에 해당)	$112 + 12 = 124$
– 100과의 차를 제곱한다(최종값의 뒷부분에 해당)	$12 \times 12 = 144$
– 받아올림에 유의하며 두 값을 붙인다	$124(00) + 144 = 12544$

문제 : 150×150(또는 150^2) = ?

– 100과의 차를 구한다	$150 - 100 = 50$
– 제곱할 수에 차를 더한다(최종값의 앞부분에 해당)	$150 + 50 = 200$
– 100과의 차를 제곱한다(최종값의 뒷부분에 해당)	$50 \times 50 = 2500$
– 받아올림에 유의하며 두 값을 붙인다	$200(00) + 2500 = 22500$

다른 팁과 함께 사용하기

150^2은 더 쉽게 계산할 수 있다. 25번 팁(**15로 끝나는 수 제곱하기**)과 11번 팁(**0으로 끝나는 수를 곱하기**)을 사용하면 된다.

연습문제

64.1 $115 \times 115 =$

64.2 $120 \times 120 =$

64.3 $111 \times 111 =$

64.4 $149 \times 149 =$

64.5 $135 \times 135 =$

64.6 $199 \times 199 =$

65일 | 9의 배수(최대 9×9)를 곱하기

팁

a. 9의 배수(9, 18, 27, 36, 45, 54, 63, 72, 81)를 10의 배수로 올림한다.
b. 10의 배수를 곱해지는 수와 곱한다.
c. 곱한 값에서 10으로 나눈 수를 빼 최종값을 얻는다.

문제 : 13×36 = ?

– 10의 배수로 올림한다	36 → 40
– 곱한다	$13 \times 40 = 520$
– 10으로 나눈다	$520 \div 10 = 52$
– 곱한 값에서 뺀다	$520 - 52 = 468$

문제 : 63×14 = ?

– 10의 배수로 올림한다	63 → 70
– 곱한다	$70 \times 14 = 980$
– 10으로 나눈다	$980 \div 10 = 98$
– 곱한 값에서 뺀다	$980 - 98 = 882$

다른 팁과 함께 사용하기

10으로 나눌 때는 30번 팁(10으로 나누기)을 사용한다.

연습문제

65.1 $19 \times 18 =$

65.2 $27 \times 14 =$

65.3 $25 \times 54 =$

65.4 $9 \times 45 =$

65.5 $72 \times 3 =$

65.6 $81 \times 23 =$

66일 | 99의 배수(최대 99×99)를 곱하기

팁

65번 팁(9의 배수를 곱하기)과 같은 전략을 사용하되, 여기서는 100의 자리로 올림하고 곱한 값도 100으로 나눠야 한다. 이 팁은 최대 99×99(=9801)까지의 모든 99의 배수에 적용할 수 있다.

a. 99의 배수(99, 198, 297, 396, 495, 594, 693, 792, 891, 990 등)를 100의 배수로 올림한다.
   *– 잠깐! 여기서 알아차린 것이 있는가?**
b. 100의 배수를 곱해지는 수와 곱한다.
c. 곱한 값에서 100으로 나눈 수를 빼 최종값을 얻는다.

문제 : 12×396 = ?

– 100의 배수로 올림한다	396 ···› 400
– 곱한다	400×12 = 4800
– 100으로 나눈다	4800÷100 = 48
– 곱한 값에서 뺀다	4800 – 48 = 4752

문제 : 891×15 = ?

– 100의 배수로 올림한다	891 ···› 900
– 곱한다	900×15 = 13500
– 100으로 나눈다	13500÷100 = 135
– 곱한 값에서 뺀다	13500 – 135 = 13365

다른 팁과 함께 사용하기

100으로 나눌 때는 30번 팁(10으로 나누기)을 사용한다.

연습문제

66.1 $19 \times 198 =$

66.2 $297 \times 14 =$

66.3 $25 \times 594 =$

66.4 $9 \times 495 =$

66.5 $792 \times 3 =$

66.6 $891 \times 11 =$

* '99의 배수'들의 모양은 9의 배수 사이에 9를 넣은 수와 동일하다! 예를 들어, 9×2=18이므로 99×2=198, 9×4=36이므로 99×4=396, 9×7=63이므로 99×7=693 등이다.

67 일 | 11의 배수(최대 11×9)를 곱하기

팁

이번 팁은 9의 배수를 곱하는 법(65번 팁)과 같은 전략을 사용하고 있지만, 이번에는 10의 배수로 올림하는 것이 아니라 내림해야 하고, 10으로 나눈 수를 빼지 않고 더해야 한다.

a. 11의 배수(11, 22, 33, 44, 55, 66, 77, 88, 99)를 10의 배수로 내림한다.
b. 10의 배수를 곱해지는 수와 곱한다.
c. 곱한 값을 10으로 나눈 수와 더해 최종값을 얻는다.

문제 : 33×8 = ?

– 10의 배수로 내림한다	33 ···› 30
– 곱한다	$30 \times 8 = 240$
– 10으로 나눈다	$240 \div 10 = 24$
– 곱한 값과 더한다	$240 + 24 = 264$

문제 : 12×44 = ?

– 10의 배수로 내림한다	44 ···› 40
– 곱한다	$40 \times 12 = 480$
– 10으로 나눈다	$480 \div 10 = 48$
– 곱한 값과 더한다	$480 + 48 = 528$

다른 팁과 함께 사용하기

10으로 나눌 때는 30번 팁(10으로 나누기)을 사용한다.

연습문제

67.1 $55 \times 7 =$

67.2 $88 \times 14 =$

67.3 $22 \times 51 =$

67.4 $9 \times 66 =$

67.5 $77 \times 23 =$

67.6 $88 \times 99 =$

68일 | 91~99 사이의 두 수 곱하기

팁

a. 100에서 첫 번째 수를 뺀다.
b. 100에서 두 번째 수를 뺀다.
c. 첫 번째 수의 차를 두 번째 수에서 빼서(또는 100과 두 번째 수의 차를 첫 번째 수에서 빼도 된다. 결과는 동일하다.) 최종값의 뒷부분에 해당하는 숫자를 구한다.
d. 각 수의 차를 곱해 최종값의 앞부분에 해당하는 숫자를 구한다. (곱한 값이 10보다 작을 경우에는 앞에 0을 붙여 쓴다. 즉 '8'대신 '08', 9 대신 '09' 등)
e. 두 값을 순서대로 붙여 최종값을 얻는다

문제 : 96×98=?

– 100에서 첫 번째 수를 뺀다	100 – 96 = 4
– 100에서 두 번째 수를 뺀다	100 – 98 = 2
– 두 번째 수에서 첫 번째 수의 차를 뺀다	98 – 4 = 94
(또는 두 번째 수의 차를 첫 번째 수에서 빼도 96–2=94로 답은 같다)	
– 각 수의 차를 곱한다	4×2 = 08
– 두 값을 붙인다	9408

문제 : 92×93=?

– 100에서 첫 번째 수를 뺀다	100 – 92 = 8
– 100에서 두 번째 수를 뺀다	100 – 93 = 7
– 두 번째 수에서 첫 번째 수의 차를 뺀다	93 – 8 = 85
(또는 100과 두 번째 수의 차를 첫 번째 수에서 빼도 92–7=85로 답은 같다)	
– 각 수의 차를 곱한다	8×7 = 56
– 두 값을 붙인다	8556

다른 팁과 함께 사용하기

이 팁의 핵심은 '기준'이 되는 10의 배수와 각 수의 차를 곱하는 것이다. 여기서 기준으로 삼고 있는 100도 10의 제곱인 수로, 곱하는 두 수가 기준이 되는 특정 수(10, 1000, 10000 등)보다 둘 다 작거나 둘 다 큰 경우라면 같은 방식을 적용할 수 있다. 뒤에서 자세히 다루겠지만, 만약 기준수보다 작은 수와 큰 수를 곱할 경우에는 다른 전략을 사용해야 한다.

연습문제

68.1 $95 \times 94 =$

68.2 $91 \times 99 =$

68.3 $94 \times 98 =$

68.4 $97 \times 93 =$

68.5 $96 \times 95 =$

68.6 $92 \times 98 =$

69일 | 101~109 사이의 두 수 곱하기

팁

a. 최종값의 첫 번째 부분에 해당하는 숫자로 1을 둔다.
b. 두 수의 일의 자릿수끼리 더해 최종값의 두 번째 부분에 해당하는 숫자를 구한다. (더한 값이 10보다 작을 때는 앞에 0을 적는다. 예를 들어 더한 값이 2면 02를 사용한다.)
c. 두 수의 일의 자릿수끼리 곱해 최종값의 세 번째 부분에 해당하는 숫자를 구한다.
d. 세 값을 차례대로 붙여 다섯 자리의 최종값을 구한다.

문제 : 103×108 = ?

– 1을 맨 앞에 적는다	1
– 일의 자릿수끼리 더한다	8+3=11
– 일의 자릿수끼리 곱한다	8×3=24
– 차례대로 붙인다	11124

문제 : 107×102 = ?

– 1을 맨 앞에 적는다	1
– 일의 자릿수끼리 더한다	7+2=09
– 일의 자릿수끼리 곱한다	7×2=14
– 차례대로 붙인다	10914

연습문제

69.1 $102 \times 106 =$

69.2 $104 \times 105 =$

69.3 $101 \times 101 =$

69.4 $108 \times 108 =$

69.5 $106 \times 107 =$

69.6 $109 \times 101 =$

70 일 | 정수와 분수 곱하기

팁

정수에 분수를 곱하려면 먼저 정수를 분수의 분모로 나누고 그 후에 분자를 곱하면 보다 간단하게 계산할 수 있다. 여기서도 큰 수보다는 작은 수를 곱하는 것이 더 쉽다는 점을 사용하고 있다. 실제로 72 × 3/8을 계산하는 경우라면, 216을 8로 나누는 것보다는 72를 8로 먼저 나눈 뒤 3을 곱하는 것이 더 쉽다.

a. 정수를 분수의 분모로 나눠지도록 식을 바꾼다. 분수에 있던 분모가 정수 아래로 옮겨지는 모양이 된다.
b. 정수를 분모로 나눈다.
c. 나눈 값에 분수의 분자를 곱해 최종값을 얻는다.

문제 : 52 × 3/4 = ?

– 식을 다시 쓴다	52×3/4 = 52/4×3
– 분모로 나눈다	52÷4 = 13
– 분자를 곱한다	13×3 = 39

문제 : 39 × 2/3 = ?

– 식을 다시 쓴다	39×2/3 = 39/3×2
– 분모로 나눈다	39÷3 = 13
– 분자를 곱한다	13×2 = 26

연습문제

70.1 $75 \times 3/5 =$

70.2 $140 \times 3/4 =$

70.3 $5/6 \times 90 =$

70.4 $120 \times 4/5 =$

70.5 $9.6 \times 3/8 =$

70.6 $128 \times 3/16 =$

71일 | 분수가 포함된 수를 곱하기

팁

a. 분수를 가장 가까운 정수로 올림한다.
b. 올림한 정수를 곱해지는 수와 곱한다.
c. 올림한 정수에서 분수를 빼 곱해지는 수에 곱한다.
d. 곱한 값을 첫 번째 값에서 빼 최종값을 구한다.

문제 : $56 \times 3\ 3/4 = ?$

– 분수를 올림한다	$3\ 3/4 \cdots\rightarrow 4$
– 곱한다	$56 \times 4 = 224$
– 올림값에서 분수를 뺀다	$4 - 3\ 3/4 = 1/4$
– 차를 곱한다	$56 \times 1/4 = 14$
– 첫 번째 값에서 뺀다	$224 - 14 = 210$

문제 : $12 \times 7\ 1/4 = ?$

– 분수를 올림한다	$7\ 1/4 \cdots\rightarrow 8$
– 곱한다	$12 \times 8 = 96$
– 올림값에서 분수를 뺀다	$8 - 7\ 1/4 = 3/4$
– 차를 곱한다	$12 \times 3/4 = 9$
– 첫 번째 값에서 뺀다	$96 - 9 = 87$

다른 팁과 함께 사용하기

올림값에서 분수를 뺀 값을 곱해지는 수와 곱할 때는 70번 팁(**정수와 분수 곱하기**)을 사용해 간단히 계산한다.

연습문제

71.1 $87 \times 3\frac{2}{3} =$

71.2 $24 \times 9\frac{3}{4} =$

71.3 $120 \times 11\frac{10}{12} =$

71.4 $48 \times 9\frac{3}{16} =$

71.5 $14 \times 5\frac{3}{4} =$

71.6 $12.4 \times 2\frac{1}{4} =$

72 일 | 분수 더하기, 빼기

같은 분모(나누는 수)를 가진 분수끼리의 더하기(또는 빼기)는 쉽다. 분모는 그대로 두고 분자(나눠지는 수)끼리 더하면(또는 빼면) 되기 때문이다!

[7/8]+[3/8]=[(7+3)/8]=[10/8] 또는 [3/4]−[1/4]=[(3−1)/4]=[2/4]

반면 다른 분모를 가진 분수끼리의 더하기(또는 빼기)는 우선 분모를 같은 수로 바꾼 뒤(이를 통분이라고 한다) 계산해야 하기 때문에 간단하지 않다.

팁

a. 각 수의 분모와 분자를 교차로 곱한다.
b. 곱한 값을 더해(또는 빼) 분자 값을 구한다.
c. 분모끼리 곱해 분모 값을 구한다.

문제 : 3/5+10/14=?

– 교차로 곱한다	3×14=42, 5×10=50
– 곱한 값을 더한다	42+50=92
– 분모끼리 곱한다	5×14=70
– 분수로 만든다	92/70
– 약분한다	46/35

문제 : 3/4−3/5=?

– 교차로 곱한다	3×5=15, 4×3=12
– 곱한 값을 뺀다	15−12=3
– 분모끼리 곱한다	4×5=20
– 분수로 만든다	3/20
– 소수로 바꾼다	3/20=0.15

연습문제

72.1 $9/11 - 3/4 =$

72.2 $15/16 + 1/2 =$

72.3 $7/32 - 1/8 =$

72.4 $1\,1/2 + 2\,1/4 =$

72.5 $14\,1/4 - 5\,3/4 =$

72.6 $3/8 + 7/16 =$

73일 | 소수가 포함된 수로 나누기

팁

a. 소수점을 지운다.
b. 소수점 없이 나눈다.
c. 나눈 값의 끝에 0을 붙인다. 지워진 소수의 자릿수가 한 개일 경우에는 0을 한 개 붙이고, 지워진 소수의 자릿수가 두 개일 경우에는 0을 두 개 붙인다. 반면 나누는 수와 나눠지는 수에서 각각 소수를 한 자리씩 지웠을 경우에는 서로 상쇄된 것으로 친다(나눈 값에 0을 붙이지 않는다).

문제 : 48÷1.2 = ?

– 소수점을 지운다	48÷12
– 나눈다	48÷12 = 4
– 끝에 0을 붙인다	40

문제 : 7.5÷0.5 = ?

– 소수점을 지운다	75÷05
– 나눈다	75÷5 = 15
– 0을 붙이지 않는다	15

연습문제

73.1 $36 \div 1.2 =$

73.2 $49 \div 0.7 =$

73.3 $310 \div 3.1 =$

73.4 $8.1 \div 0.9 =$

73.5 $36 \div 2.4 =$

73.6 $250 \div 12.5 =$

74 일 | 25로 나누기

팁

a. 나눠지는 수를 100으로 나눈다.
b. 나눈 값에 4를 곱해 최종값을 얻는다.

문제 : 500/25 = ?

- 100으로 나눈다
- 4를 곱한다

$500 \div 100 = 5$
$5 \times 4 = 20$

문제 : 625÷25 = ?

- 100으로 나눈다
- 4를 곱한다

$625 \div 100 = 6.25$
$6.25 \times 4 = 25$

다른 팁과 함께 사용하기

100으로 나눌 때는 30번 팁(10으로 나누기)을 사용한다. 4를 곱할 때는 14번 팁(4를 곱하기)을 사용한다.
250으로 나눌 때는 1000으로 나누고 4를 곱한다.
2.5로 나눌 때는 10으로 나누고 4를 곱한다.
125로 나눌 때는 1000으로 나누고 8을 곱한다.
0.125로 나눌 때는 8로 나누기만 하면 된다.
곱하기를 먼저 하고 그다음에 나누기를 하는 편이 더 쉽다면 그렇게 해도 된다. 순서만 다를 뿐 결과는 같기 때문이다.

연습문제

74.1 $700 \div 25 =$

74.2 $130 \div 25 =$

74.3 $3000 \div 250 =$

74.4 $1250 \div 25 =$

74.5 $900 \div 125 =$

74.6 $750 \div 25 =$

75일 | 75로 나누기

팁

a. 나눠지는 수를 100으로 나눈다.
b. 나눈 값에 4를 곱한다.
c. 곱한 값을 3으로 나눠 최종값을 구한다.

문제 : 4500÷75=?

– 100으로 나눈다	$4500 \div 100 = 45$
– 4를 곱한다	$45 \times 4 = 180$
– 3으로 나눈다	$180 \div 3 = 60$

문제 : 1575÷75=?

– 100으로 나눈다	$1575 \div 100 = 15.75$
– 4를 곱한다	$15.75 \times 4 = 63$
– 3으로 나눈다	$63 \div 3 = 21$

다른 팁과 함께 사용하기

100으로 나눌 때는 30번 팁(10으로 나누기)을 사용한다. 4를 곱할 때는 14번 팁(4를 곱하기)을 사용한다.
750으로 나눌 때는 1000으로 나누고 4를 곱한 뒤 3으로 나눈다.
7.5로 나눌 때는 10으로 나누고 4를 곱한 뒤 3으로 나눈다.
150으로 나눌 때는 100으로 나누고 4를 곱한 뒤 6으로 나눈다.
0.15로 나눌 때는 10을 곱하고 4를 곱한 뒤 6으로 나눈다.
곱하기를 먼저 하고 그다음에 나누기를 두 번 하는 편이 더 쉽다면 그렇게 해도 된다. 순서만 다를 뿐 결과는 같기 때문이다.

연습문제

75.1 $2400 \div 75 =$

75.2 $3600 \div 75 =$

75.3 $225 \div 75 =$

75.4 $10500 \div 75 =$

75.5 $6000 \div 750 =$

75.6 $12450 \div 150 =$

76일 | 100보다 큰 수를 나누기

팁

a. 나눠지는 수에서 100을 뺀다.
b. 뺀 값을 나누는 수로 나눈다.
c. 100을 나누는 수로 나눈다.
d. 두 값을 더해 최종값을 얻는다.

문제 : 116÷4=?

– 100을 뺀다	$116-100=16$
– 차를 나눈다	$16\div4=4$
– 100을 나눈다	$100\div4=25$
– 두 값을 더한다	$4+25=29$

문제 : 135÷5=?

– 100을 뺀다	$135-100=35$
– 차를 나눈다	$35\div5=7$
– 100을 나눈다	$100\div5=20$
– 두 값을 더한다	$7+20=27$

연습문제

76.1 $112 \div 2 =$

76.2 $150 \div 4 =$

76.3 $118 \div 4 =$

76.4 $165 \div 5 =$

76.5 $136 \div 4 =$

76.6 $110 \div 5 =$

77일 | 100보다 작은 수를 나누기

팁

a. 100에서 나눠지는 수를 뺀다.
b. 뺀 값을 나누는 수로 나눈다.
c. 100을 나누는 수로 나눈다.
d. 두 값을 빼 최종값을 얻는다.

문제 : 98÷4=?

– 100에서 뺀다	$100 - 98 = 2$
– 차를 나눈다	$2 \div 4 = 0.5$
– 100을 나눈다	$100 \div 4 = 25$
– 두 값을 뺀다	$25 - 0.5 = 24.5$

문제 : 80÷5=?

– 100에서 뺀다	$100 - 80 = 20$
– 차를 나눈다	$20 \div 5 = 4$
– 100을 나눈다	$100 \div 5 = 20$
– 두 값을 뺀다	$20 - 4 = 16$

연습문제

77.1 $96 \div 4 =$

77.2 $95 \div 5 =$

77.3 $72 \div 4 =$

77.4 $90 \div 4 =$

77.5 $75 \div 5 =$

77.6 $88 \div 4 =$

78일 | 연속하는 두 수의 제곱값 빼기

팁

연속하는 두 수를 서로 더한다. 이게 끝이다!

문제 : $22^2 - 21^2 = ?$

– 두 밑수를 더한다

$22^2 - 21^2 = 22 + 21 = 43$

문제 : $7^2 - 6^2 = ?$

– 두 밑수를 더한다

$7^2 - 6^2 = 7 + 6 = 13$

연습문제

78.1 $17^2 - 16^2 =$

78.2 $13^2 - 12^2 =$

78.3 $3^2 - 2^2 =$

78.4 $123^2 - 122^2 =$

78.5 $100^2 - 99^2 =$

78.6 $10421^2 - 10420^2 =$

79 일 | 제곱값에서 제곱값 빼기

팁

a. 두 제곱값의 밑수를 서로 더한다.

b. 두 제곱값의 밑수를 서로 뺀다.

c. 더한 값과 뺀 값을 곱해 최종값을 얻는다.

문제 : $10^2 - 7^2 = ?$

– 밑수를 더한다	$10 + 7 = 17$
– 밑수를 뺀다	$10 - 7 = 3$
– 두 값을 곱한다	$17 \times 3 = 51$

문제 : $8^2 - 3^2 = ?$

– 밑수를 더한다	$8 + 3 = 11$
– 밑수를 뺀다	$8 - 3 = 5$
– 두 값을 곱한다	$11 \times 5 = 55$

연습문제

79.1 $18^2 - 14^2 =$

79.2 $11^2 - 9^2 =$

79.3 $15^2 - 5^2 =$

79.4 $5^2 - 2^2 =$

79.5 $120^2 - 115^2 =$

79.6 $48^2 - 2^2 =$

80일 | 아무 수나 제곱하기

팁

이 팁을 위해서는 다음의 수학 공식을 알아야 한다.
$(a+b)^2=(a^2+b^2+2ab)$

위의 공식을 23번 팁(**5로 끝나는 수 제곱하기**)와 연계해 사용하면 된다.

a. 제곱할 수보다 작은 5로 끝나는 정수 중에서 가장 가까운 수를 찾는다.
b. 5로 끝나는 수를 제곱한다.
c. 제곱할 수에서 5로 끝나는 수를 빼 그 차를 제곱한다.
d. 앞서 구한 차와 5로 끝나는 수를 곱한 값에 2를 곱한다.
e. 위의 값과 두 제곱값을 더해 최종값을 얻는다.

문제 : $127^2=?$

- 5로 끝나는 가장 가까운 수를 찾는다 ········ $(a+b)=127=125+2$
- 125를 제곱한다 ········ $(a^2)=(12\times13)$에 (5^2)을 붙인다 ···› 15625
- 2를 제곱한다 ········ $(b^2)=2\times2=4$
- 두 수를 곱한 값에 2를 곱한다 ········ $(2ab)=2\times(125\times2)=500$
- 각 값을 더한다 ········ $(a^2+b^2+2ab)=15625+4+500=16129$

문제 : 118^2 = ?

- 5로 끝나는 가장 가까운 수를 찾는다 ········ $118 = 115 + 3$
- 115를 제곱한다 ········ (11×12)에 (5^2)을 붙인다 → 13225
- 3를 제곱한다 ········ $3 \times 3 = 9$
- 두 수를 곱한 값에 2를 곱한다 ········ $2 \times (115 \times 3) = 690$
- 각 값을 더한다 ········ $13225 + 9 + 690 = 13924$

다른 팁과 함께 사용하기

12를 곱할 때는 44번 팁(**12를 곱하기**)을 사용한다. 11을 곱할 때는 20번 팁(**두 자리 수에 11을 곱하기**)을 사용한다.

연습문제

80.1 $36^2 =$

80.2 $113^2 =$

80.3 $234^2 =$

80.4 $28^2 =$

80.5 $987^2 =$

80.6 $1231^2 =$

81일 | 약수와 배수로 이루어진 수 곱하기

팁

여기서는 펜과 종이가 필요하지만, 그럼에도 불구하고 계산 시간을 대폭 줄일 수 있다! 곱하기를 할 때 곱하는 수의 숫자들이 약수와 배수로 이루어져 있는 경우가 있다. 예를 들어 856은 뒤의 두 자리(56)가 앞의 숫자(8)의 배수(8×7=56)인 수고, 369는 앞의 두 자리(36)가 뒤의 숫자(9)의 배수(9×4=36)인 수다.

a. 먼저 곱하는 수가 위의 예시처럼 약수와 배수로 이루어져 있다면 숫자들 간의 관계를 파악한다.
b. 곱하는 수의 숫자 중 약수 부분(856의 경우에는 8, 369의 경우에는 9 등)을 곱해지는 수에 곱한다.
c. 곱한 값을 약수 부분의 자리에 맞춰 적는다. 예를 들어 약수가 곱하는 수의 왼쪽에 위치해 있다면(856의 8과 같은 경우) 곱한 값의 끝이 856의 '8' 바로 아래에 오도록 맞춰 적는다. 반대로 약수가 곱하는 수의 오른쪽에 위치해 있다면(369의 9와 같은 경우) 곱한 값의 끝이 '9'의 바로 아래에 오도록 맞춰 적는다.
d. 다음으로 배수에서 약수를 나눈 값을 곱해지는 수와 곱한다. (856이면 7, 369면 4)
e. 곱한 값을 배수 부분의 자리에 맞추어 적는다. 예를 들어 배수가 곱하는 수의 오른쪽에 위치해 있다면(856의 56과 같은 경우) 곱한 값의 끝이 856의 '6' 바로 아래에 오도록 맞춰 적는다. 반대로 배수가 곱하는 수의 왼쪽에 위치해 있다면(369의 36과 같은 경우) 곱한 값의 끝이 369의 '6' 바로 아래에 오도록 맞춰 적는다.
f. 두 값을 더해 최종값을 얻는다.

문제 : 213×369 = ?

– 369의 숫자들 간의 관계를 파악한다, 여기서는 36이 9의 배수	$9\times4=36$
– 곱해지는 수와 9를 곱한다	$213\times9=1917$
– 곱한 값을 9의 아래에 오도록 맞춰 적는다	$\begin{array}{r}213\\ \times369\\ \hline 1917\end{array}$
– 앞에서 구한 값과 4를 곱한다	$1917\times4=7668$
– 곱한 값을 6의 아래에 오도록 맞춰 적는다 – 각 숫자의 자리에 유의하며 두 값을 더한다	$\begin{array}{r}213\\ \times369\\ \hline 1917\\ 7668\\ \hline 78597\end{array}$

일반적인 계산법

- 213에 9를 곱한다
- 213에 6을 곱한다
- 213에 3을 곱한다

$$
\begin{array}{r}
213 \\
\times 369 \\
\hline
1917 \\
1278 \\
639 \\
\hline
78597
\end{array}
$$

곱하는 수가 세 자리일 경우, 이 팁을 사용하면 곱하기를 한 번 줄일 수 있다!

연습문제

81.1 $132 \times 312 =$

81.2 $5400 \times 123 =$

81.3 $279 \times 704 =$

81.4 $329 \times 927 =$

81.5 $248 \times 455 =$

81.6 $617 \times 545 =$

82일 | 덧셈 또는 뺄셈 검산하기

본래 구거법(Casting out nines)이라는 이름으로 알려져 있는 검산 방법은 기본적으로 주어진 수의 자릿수합을 비교하는 방법이다. 자릿수합이란 어떤 수의 각 자리에 있는 모든 숫자를 더한 합으로, 더한 값이 두 자릿수 이상일 때는 한 자리가 될 때까지 자릿수합을 반복한다.

예를 들어 4789875라는 수의 자릿수합은 다음과 같다.

4+7+8+9+8+7+5=48 ⋯→ 4+8=12 ⋯→ 1+2=3 (결국 구거법에서 48을 9로 나눈 나머지와 같다)

이 검산법의 핵심은 식에 쓰인 모든 수의 자릿수합이 식을 계산(더하기, 빼기, 곱하기, 나누기 등)해 얻은 결과의 자릿수합과 동일하다는 것이다.

덧셈 검산하기

a. 식에 쓰인 모든 수의 자릿수합을 각각 구해 더한다.
b. 결과의 자릿수합을 구한다.
c. 만약 식에 쓰인 모든 수의 자릿수합의 합계와 식을 계산해 얻은 값의 자릿수합이 동일하지 않다면 계산이 확실히 틀렸다고 봐야한다. 반대로 두 값이 동일하다면, 계산이 아마도 맞았을 것이라고 볼 수 있다.

문제 : 21 + 47 = 68을 검산하면?

– 식에 쓰인 모든 수의 자릿수합을 구해 더한다

2+1=3; 4+7=11, 1+1=2 ⋯→ 3+2=5

– 식을 계산해 얻은 값의 자릿수합을 구한다

6+8=14, 1+4=5

– 두 값을 비교한다

5=5 ⋯→ 계산이 아마도 맞았을 것이다

문제 : 21 + 47 + 96 = 163을 검산하면?

– 식에 쓰인 모든 수의 자릿수합을 구해 더한다

2+1=3; 4+7=11, 1+1=2; 9+6=15, 1+5=6 ⋯→ 3+2+6=11, 1+1=2

– 식을 계산해 얻은 값의 자릿수합을 구한다

1+6+3=10, 1+0=1

– 두 값을 비교한다

2≠1 ⋯→ 계산이 확실히 틀렸다

빼기 검산하기

a. 식에 쓰인 모든 수의 자릿수합을 각각 구해 순서대로 뺀다. 만약 빼지는 수의 자릿수합이 빼는 수의 자릿수합보다 작은 경우, 빼지는 수에 9를 더한 뒤 뺀다.

b. 결과의 자릿수합을 구한다.

c. 만약 식에 쓰인 모든 수의 자릿수합의 차와 식을 계산해 얻은 값의 자릿수합이 동일하지 않다면 계산이 확실히 틀렸다고 봐야 한다. 반대로 두 값이 동일하다면, 계산이 아마도 맞았을 것이라고 볼 수 있다.

문제 : 81 − 58 = 23을 검산하면?

– 식에 쓰인 모든 수의 자릿수합을 구해 뺀다

.... 8+1=9; 5+8=13, 1+3=4 ···› 9−4=5

– 식을 계산해 얻은 값의 자릿수합을 구한다

.... 2+3=5

– 두 값을 비교한다

.... 5=5 ···› 계산이 아마도 맞았을 것이다

문제 : 93 − 25 − 11 = 67을 검산하면?

– 식에 쓰인 모든 수의 자릿수합을 구해 뺀다

.... 9+3=12, 1+2=3; 2+5=7; 1+1=2 ···› 3(+9)−7−2=3

– 식을 계산해 얻은 값의 자릿수합을 구한다

.... 6+7=13, 1+3=4

– 두 값을 비교한다

.... 3≠4 ···› 계산이 확실히 틀렸다

다른 팁과 함께 사용하기

빼기는 더하기의 반대이므로, 뺄셈을 검산할 때는 간단히 식을 뒤집어 덧셈의 검산 방식으로 확인할 수도 있다. 예를 들어, 57−18=39를 검산할 때는 식을 39+18=57로 바꾸어 자릿수합을 구해 비교하면 된다. 실제로 뺄셈을 검산할 경우 구거법을 사용하는 것보다 덧셈식으로 바꾸어 자릿수합으로 검산하는 편이 더 빠르다.

연습문제

82.1 129 + 63 = 182

82.2 11045 + 14023 + 23669 = 48737

82.3 853 − 349 = 512

82.4 481−152 = 329

82.5 117 + 84 + 5 + 3 = 211

82.6 3366 − 512 − 988 − 11 = 1855

83일 | 곱셈 또는 나눗셈 검산하기

곱셈 검산은 덧셈 검산과 마찬가지로 각 수의 숫자들끼리의 합, 즉 자릿수 합을 구하면 된다. 그러니까, 모든 수의 자릿수합을 곱해서 결과의 자릿수 합과 비교하면 된다. 만약 숫자들끼리의 합이 두 자릿수 이상일 때는 그 값이 한 자리가 될 때까지 자릿수합을 반복한다.

곱셈 검산하기

a. 식에 쓰인 모든 수의 자릿수합을 각각 구해 곱한다.
b. 결과의 자릿수합을 구한다.
c. 만약 식에 쓰인 모든 수의 자릿수합의 합계와 식을 계산해 얻은 값의 자릿수합이 동일하지 않다면 계산이 확실히 틀렸다고 봐야 한다. 반대로 두 값이 동일하다면, 계산이 아마도 맞았을 것이라고 볼 수 있다.

문제 : 21×47 = 987을 검산하면?

– 식에 쓰인 모든 수의 자릿수합을 구해 곱한다

.... 2+1=3; 4+7=11, 1+1=2 ···› 3×2=6

– 식을 계산해 얻은 값의 자릿수합을 구한다

.... 9+8+7=24, 2+4=6

– 두 값을 비교한다

.... 6=6 ···› 계산이 아마 맞았을 것이다

문제 : 113×124 = 14112을 검산하면?

– 식에 쓰인 모든 수의 자릿수합을 구해 곱한다

.... 1+1+3=5; 1+2+4=7 ···› 5×7=35, 3+5=8

– 식을 계산해 얻은 값의 자릿수합을 구한다

$1+4+1+1+2=9$

– 두 값을 비교한다

$8 \neq 9$ ⋯▸ 계산이 확실히 틀렸다

나눗셈 검산하기

나누기는 곱하기의 반대이므로, 나눗셈을 검산할 때는 간단히 식을 뒤집어 곱셈의 검산 방식으로 확인할 수도 있다. 예를 들어, $851 \div 23 = 37$을 검산할 때는 식을 $37 \times 23 = 851$로 바꾸어 자릿수합을 구해 비교하면 된다. 물론 구거법을 사용해 검산할 수도 있지만, 이렇게 곱셈식으로 바꾸어 자릿수합으로 검산하는 것이 더 간단하다.

연습문제

83.1 $129 \times 63 = 8127$

83.2 $114 \times 254 \times 137 = 3965972$

83.3 $854 \times 13 = 11102$

83.4 $4288 \div 268 = 18$

83.5 $1273 \div 67 = 19$

83.6 $79554356 \div 6892 = 11543$

부록

거듭제곱 : 어떤 수를 자기 자신과 여러 차례 곱한 것. 예를 들어 10의 2승 = 10의 제곱 = 10^2 = 10×10이고, 10의 3승 = 10^3 = 10×10×10이다. 10^n은 10에 자기 자신을 n번 곱한 수다.

• 0승과 1승 : $a^0 = 1$, $a^1 = a$ ⋯▸ $10^0 = 1$; $10^1 = 10$

• $a^{-1} = 1/a$ ⋯▸ $10^{-1} = 1/10$

• $a^{-n} = 1/a^n$이고 $a^n = 1/a^{-n}$ ⋯▸ $10^{-n} = 1/10^n$이고 10n = $1/10^{-n}$

• 밑이 같은 거듭제곱의 곱하기 : 지수를 더한다.

$a^n \times a^p = a^{n+p}$ ⋯▸ $5^4 \times 5^3 = 5^{4+3} = 5^7$; $5^7 \times 5^{-5} = 5^{7-5} = 5^2$

• 밑이 같은 거듭제곱의 나누기 : 지수를 뺀다.

$a^n \div a^p = a^{n-p}$ ⋯▸ $5^7 \div 5^3 = 5^{7-3} = 5^4$; $5^7 \div 5^9 = 5^{7-9} = 5^{-2}$

• 거듭제곱의 거듭제곱 : 지수를 곱한다.

$(a^n)^p = a^{n \times p}$ ⋯▸ $(5^4)^3 = 5^{4\times3} = 5^{12}$; $(5^4)^{-2} = 5^{4\times-2} = 5^{-8}$

• 곱셈의 거듭제곱 : 곱셈의 각 수에 거듭제곱을 적용한다.

$(a \times b)^n = a^n \times b^n$ ⋯▸ $(4\times5)^3 = 4^3 \times 5^3$; $(5\times1.25)^{-2} = 5^{-2} \times 1.25^{-2}$

• 나눗셈의 거듭제곱 : 나눗셈의 각 수에 거듭제곱을 적용한다.

$(a \div b)^n = a^n \div b^n$ ⋯▸ $(3 \div 4)^3 = 3^3 \div 4^3$; $(4 \div 1.5)^{-2} = 4^{-2} \div 1.5^{-2}$

• 주의! 거듭제곱의 더하기와 빼기는 지수끼리 계산할 수 없다. 먼저 십진법으로 풀어 쓴 뒤 계산해야 한다 :

$5^3 + 5^2 = 125 + 25 = 150$으로 $5^5 = 3125$**와 같지 않다.**

$5^2 + 7^2 = 25 + 49 = 74$로 $12^2 = 144$**와 같지 않다.**

$5^{10} - 5^8 = 9765625 - 390625 = 9375000$으로 $5^2 = 25$**와 같지 않다.**

계수 : 어떤 변수에 곱해지는 수. 예를 들어 10에 계수 2를 곱하는 식은 10×2다.

곱 : 곱하기를 통해 얻은 값. 예를 들어 3×2에서 곱은 6이다.

곱셈공식 : 주요한 곱셈공식은 다음과 같은 대수학 공식을 사용하면 된다.

• 합의 제곱 공식 : $(a + b)^2 = a^2 + 2ab + b^2$

$(3 + 5)^2 = 8^2 = 3^2 + 2(3 \times 5) + 5^2 = 9 + 30 + 25 = 64$

• 차의 제곱 공식 : $(a - b)^2 = a^2 - 2ab + b^2$

$(5 - 3)^2 = 2^2 = 5^2 - 2(5 \times 3) + 3^2 = 25 - 30 + 9 = 4$

• 합차 공식 : $(a + b)(a - b) = a^2 - b^2$

$(5 + 3)(5 - 3) = 8 \times 2 = 5^2 - 3^2 = 25 - 9 = 16$

곱하기 : 곱하는 행위로 여러 부호(×, ·)로 표시한다. 예를 들어 3×2의 식은 곱셈식이다.

• 곱셈의 교환법칙 : $a \times b = b \times a$ ⋯▸ $3 \times 2 = 2 \times 3 = 6$

• 곱셈의 결합법칙 : $(a \times b) \times c = a \times (b \times c)$ ⋯▸ $(3 \times 2) \times 5 = 3 \times (2 \times 5) = 6 \times 5 = 3 \times 10 = 30$

• 더하기에 대한 곱셈의 분배법칙 : $a \times (b + c) = (a \times b) + (a \times c)$ ⋯▸ $4 \times (3 + 5) = 4 \times 3 + 4 \times 5 = 4 \times 8 = 12 + 20 = 32$

• 빼기에 대한 곱셈의 분배법칙 : $a \times (b - c) = (a \times b) - (a \times c)$ ⋯▸ $4 \times (7 - 2) = 4 \times 7 - 4 \times 2 = 4 \times 5 = 28 - 8 = 20$

• 어떤 수든 0을 곱한 값은 0이다 : $a \times 0 = 0 \times a = 0$ ⋯▸ $3 \times 0 = 0 \times 3 = 0$

• 어떤 수든 1을 곱한 값은 자기 자신이다 : $a \times 1 = 1 \times a = a$ ⋯▸ $7 \times 1 = 1 \times 7 = 7$

나누기 : 나누는 행위. 여러 부호(/, :, ÷)로 표시할 수 있다. 예를 들어 $3 \div 4$는 나눗셈식이다.

• 나눗셈식에서 나머지가 0이 나오면 '나누어떨어진다'고 말한다. $24 \div 3 = 8$의 경우도 나머지가 0으로 나누어떨어진다.

• 0으로는 나눌 수 없다.

• 정수의 나눗셈에서 나눠지는 수는 결국 나누는 수와 몫을 곱하고 나머지를 더한 값과 같다. 나머지는 항상 나누는 수보다 작다. 즉, 다음과 같다

: $a = b \times q + r$이고 $r < b$···▸$52 = 17 \times 3 + 1$이고 $1 < 17$

• 소수를 나눌 때는 나누는 수의 소수점을 지우고 이때 나눠지는 수의 소수점을 나누는 수에서 지워진 소수점 자릿수만큼 오른쪽으로 옮긴다. 이렇게 하면 나누는 수가 정수인 식으로 바꿔 계산할 수 있다. 예를 들면 다음과 같다. 304.308÷14**.22**···▸304**30.**8÷1422 = 21.4

대수학 : 방정식에 대한 학문으로, 문제를 해결해 답을 얻기 위한 체계적인 방법을 연구하는 학문이다.

더하기 : 더하는 행위로, 양의 의미를 지닌 더하기 부호(+)로 표현한다. 예를 들어 $3 + 8$은 덧셈식이다.

• 덧셈의 교환법칙 : $a + b = b + a$···▸$3 + 8 = 8 + 3 = 11$

• 덧셈의 결합법칙 : $a + (b + c) = (a + b) + c$···▸$(3 + 8) + 2 = 3 + (8 + 2) = 11 + 2 = 3 + 10 = 13$

대분수 : 분수가 포함된 수. 예를 들어 $3\frac{3}{4}$는 대분수로, 소수로 나타내면 3.75다.

로마 숫자 : 과거 로마 시대에는 수를 표현하기 위한 기호로 다음과 같은 알파벳 대문자(괄호 안에 있는 수를 나타냄)를 사용했다.

• I(1), V(5), X(10), L(50), C(100), D(500), M(1000)

• 동일한 숫자를 연속(최대 세 번)해서 사용할 때는 서로 더한다:

III = 3; XX = 20; CCC = 300 등

• 어떤 숫자의 오른쪽에 더 작은 숫자를 붙일 때는 서로 더한다:

VI = V + I = 6; XVII = X + V + II = 17 등

• 어떤 숫자의 오른쪽에 더 큰 숫자를 붙일 때는 큰 쪽에서 작은 쪽을 뺀다:

IV = V - I = 4; IX = X - I = 9 등

몫 : 나누기를 통해 얻은 값. 예를 들어 3÷4에서 몫은 0.75다.

방정식 : 미지수인 변수의 값에 따라 참 또는 거짓이 되는 등식이다. 방정식은 하나 또는 다수의 미지수를 문자로 대체할 수 있다. 예를 들어, ax = b + c에서 a = 2, b = 5. c = 8이면 x = (b + c)÷a = (5 + 8)÷2 = 6.5다. 보다 자세한 내용은 '방정식으로 실제 문제 풀기'를 참고하라.

반수 : 0과의 차가 같지만 부호가 반대인 두 수를 반수 관계에 있다고 한다. 예를 들어 +1과 = -1은 반수다. 단, 0의 반수는 자기 자신(+0, -0)이다.

백분율 : 어떤 수를 100과 비교했을 때의 비율. 백분율은 분모가 100인 분수의 형태로 나타낼 수 있다. 예를 들어 53에 대한 27의 비율을 백분율

로 나타내면 50.94%이다(27/53×100). 어떤 수의 30%를 계산하려면 그 수에 30/100을 곱하면 된다.

백만의 자리 : 끝이 여섯 개의 0으로 끝나는 수, 1000000 즉 10^6의 자리.

백분의 일의 자리 : 소수점 이하 두 번째 자릿수. 1/100 즉 10^{-2}의 자리. 예를 들어 7.26에서 백분의 일의 자릿수는 6이다.

백의 자리 : 끝이 두 개의 0으로 끝나는 수. 100 즉 10^2의 자리. 예를 들어 1789에서 백의 자리 수는 7이다.

부호 규칙 :

+ +⋯›+

$(+3)+(+2)=3+2=5$; $(+3)\times(+2)=3\times2=6$; $(+3)\div(+2)=3\div2=1.5$

− −⋯›+

$(+3)-(-2)=3+2=5$; $(-3)\times(-2)=3\times2=6$; $(-3)\div(-2)=3\div2=1.5$

− +⋯›−

$(+3)-(+2)=3-2=1$; $(-3)\times(+2)=-3\times2=-6$; $(-3)\div(+2)=$

$-3 \div 2 = -1.5$

+ −⋯→−

$(+3)+(-2)=3-2=1$; $(+3)\times(-2)=3\times -2=-6$; $(+3)\div(-2)=3 \div -2=-1.5$

분모 : 피제수. 나누는 수. 분수에서 가로줄 밑에 적는 수. 예를 들어 3/4에서 분모는 4다.

분수 : 나눈 수.

• 모든 정수는 분수의 형태로 나타낼 수 있다 : $a = a/1$⋯→$4/1 = 4$

• [a/0]의 형태로 분모에 0이 올 수 없다.

• [0/a]의 값은 0으로 항상 같다.⋯→$0/4 = 0$

• 분자에 어떤 수를 곱할 때는 분자와 먼저 곱한 뒤 그 값을 분모로 나눈다:

$k\times a/b = (k\times a)/b$⋯→$20\times 3/4 = (20\times 3)4 = 60/4 = 15$

• 분자와 분모에 각각 같은 수를 곱한다면 (또는 같은 수로 나눈다면) 두 분수의 결과는 동일하다. 이것을 통분이라고 한다?

$a/b = (a\times k)/(b\times k)$⋯→$3/4 = (3\times 5)/(4\times 5) = 15/20$

• 두 분수에서 한 분수의 분자와 다른 분수의 분모를 곱한 값이 나머지 분자와 분모의 곱한 값과 같을 경우 두 분수는 같다.

a/b와 c/d에서 $a\times d = c\times b$면 $a/b = c/d$다⋯→7/8과 21/24에서 7×24

$=8\times21=168$이므로 $7/8=21/24$다.

• 약분이란 분수의 크기는 같지만 분자와 분모를 더 작은 수로 바꾸는 것을 의미한다. 약분을 위해서는 분자와 분모를 모두 나눌 수 있는 동일한 수를 찾아야 한다.

$5400/10200=(5400\div100)/(10200\div100)=54/102=(54\div2)/(102\div2)=27/51=(27\div3)/(51\div3)=9/17$

• 분수를 더 이상 약분할 수 없을 때 이 분수를 기약분수라고 한다.

• 만약 분모가 같은 분수들을 계산할 때는 다음과 같이 한다.

더하기 :

$a/c+b/c=(a+b)/c$ ⋯▸ $5/7+3/7=(5+3)/7=8/7$

빼기 :

$a/c-b/c=(a-b)/c$ ⋯▸ $5/6-4/6=(5-4)/6=1/6$

• 분모가 같지 않은 분수들을 계산할 경우에는 먼저 각 분모를 동일한 수로 바꿔주고(이 과정을 '통분'이라고 한다) 그 뒤에 다음과 같이 계산한다.

더하기 :

$a/b+c/d=\{(a\times d)+(c\times b)\}/(b\times d)$

⋯▸ $4/5+3/2=\{(4\times2)+(3\times5)\}/(5\times2)=23/10$

빼기 :

$a/b-c/d=\{(a\times d)-(c\times b)\}/b\times d$

⋯▸ $9/11-3/4=\{(9\times4)-(3\times11)\}/(11\times4)=3/44$

• 두 분수를 곱할 때는 분자는 분자끼리, 분모는 분모끼리 곱하여 계산한다:

$a/b \times c/d = (a \times c)/(b \times d)$

⋯→ $3/4 \times 2/3 = (3 \times 2)/(4 \times 3) = 6/12$ (약분하면 1/2 또는 0.5)

• 두 분수를 나눌 때는 나누는 수를 거꾸로 뒤집어 나눠지는 수와 곱하여 계산한다:

$a/b \div c/d = a/b \times d/c = (a \times d)/(b \times c)$

⋯→ $9/4 \div 2/3 = 9/4 \times 3/2 = (9 \times 3)/(4 \times 2) = 27/8 = 3.375$

분자 : 제수. 나눠지는 수. 분수에서 가로줄 위에 적는 수. 예를 들어 3/4에서 분자는 3이다.

비 : 두 수의 크기를 비교한 것. 비율, 분수, 백분율로도 나타낼 수 있다.

빼기 : 빼는 행위로 음의 의미를 지닌 빼기 부호(-)로 표시한다. 예를 들어, 7 - 3은 뺄셈식이다.

• 뺄셈의 경우 순서가 중요하다 : $17 - 8 = 9 \neq 8 - 17 = -9$

세제곱 : 어떠한 수를 자기 자신과 두 번 곱한 것. 예를 들어 $10 \times 10 \times 10$ = 10의 세 제곱 = 10^3이다.

세제곱근 : 어떤 실수를 세제곱하여 값을 얻을 때, 그 실수를 세제곱값의 세제곱근이라고 한다. 예를 들어 $3 \times 3 \times 3 = 27$이므로 27의 세제곱근($= \sqrt[3]{27}$)은 3이다.

소수 : 분모가 10의 제곱인 분수. 예를 들어 23/100 = 23% = 0.23이다.

소수decimal : 소수점 이하에 숫자가 있는 수. 예를 들어 3.1416은 소수다.

• 모든 소수는 분수의 형태로 바꿀 수 있다 : 0.5 = 5/10

• 모든 소수를 분수로 바꿀 수는 있지만, 반대로 모든 분수를 소수의 형태로 바꿀 수 있는 것은 아니다. 예를 들어 2/3를 소수로 바꾸면 0.666…으로 소수점 이하의 수가 무한히 계속 된다.

소수prime number : 오로지 1과 자기 자신으로만 나눠지는 자연수를 소수라고 한다. 단, 1은 소수가 아니다. 예를 들어 3은 소수지만(약수가 1과 3뿐이므로) 33은 소수가 아니다(약수가 1, 3, 11, 33이므로). 또한 133은 소수가 아니지만($7 \times 19 = 133$이므로) 131은 소수다. 따라서 숫자 2를 제외한 모든 짝수는 소수가 될 수 없다(1과 자기 자신 외에도 항상 2로 나눠질 수 있으므로).

소수점 이하의 수 : 소수점을 포함한 수에서 소수점 이후에 적힌 숫자. 예를 들어, 3.1416에서 1, 4, 1, 6은 소수점 이하의 수다.

수 : 개수를 세거나, 사물을 분류하거나, 크기를 나타낼 때 사용하는 숫자들의 집합. 예를 들어, 145는 세 자리 수로 1은 '백의 자리', 4는 '십의 자리', 5는 '일의 자리'를 나타낸다.

산술학 : 수에 대한 학문으로, 논리를 중시하는 학문이다.

숫자 : 각 수를 나타내기 위해 쓰이는 기호(1, 2, 3, 4, 5, 6, 7, 8, 9, 0). 말을 표현하는 수단이 글자라면, 수를 표현하기 위한 수단은 숫자다. 일반적으로 아라비아 숫자를 사용한다.

승수 : 곱하는 수. 곱셈식에서 뒤에 나오는 수. 예를 들어 3×2의 식에서 승수는 2다.

십분의 일의 자리 : 소수점 이하 첫 번째 자릿수. 1/10 즉 10^{-1}의 자리. 예를 들어 7.2에서 십분의 일의 자릿수는 2다.

십의 자리 : 끝이 한 개의 0으로 끝나는 수. 10 즉 10^{1}의 자리. 예를 들어 1789에서 십의 자릿수는 8이다.

십억의 자리 : 끝이 아홉 개의 0으로 끝나는 수. 1000000000 즉 10^{9}의

자리.

유리수 : 두 정수를 사용하는 분수의 형태로 나타낼 수 있는 수. 예를 들어 3/4은 유리수다. 반면 $\sqrt{2}$는 두 정수의 분수로 나타낼 수 없으므로 유리수가 아니다. 이러한 수를 무리수라고 한다.

양수 : 앞에 양의 부호(+)가 붙는 수.

역수 : 서로 곱해서 1이 나오는 두 수를 역수 관계에 있다고 한다. 예를 들어 4×0.25 = 1이므로 4와 0.25는 서로에 대한 역수다.

- 1×1 = 1이므로 1의 역수는 자기 자신이다.
- 0은 역수가 없는 유일한 수다.
- 분수 a/b의 역수는 b/a다 : 3/5×5/3 = 15/15 = 1이므로 3/5의 역수는 5/3이다.
- 5.2×1/5.2 = 5.2/5.2 = 1이므로 5.2의 역수는 1/5.2다.

영(0) : -1보다 크고 1보다 작은 정수.

완전수 : 어떤 수가 자기 자신을 제외한 약수를 모두 더한 값과 동일할 때 이를 완전수라고 한다. 예를 들어 6 = 1 + 2 + 3이므로 6은 완전수고, 28 =

1 + 2 + 4 + 7 + 14이므로 28도 완전수다.

음수 : 앞에 음의 부호(-)가 붙는 수.

인수 : 곱셈식을 이루는 모든 수를 인수라고 한다. 예를 들어, 3×2의 식에서 3은 첫 번째 인수고 2는 두 번째 인수다.

인수분해 : 어떤 수를 인수분해한다는 것은 이 수를 곱셈의 형태(두 인수 사이에 부호 '×'를 집어넣은 형태)로 변형한다는 뜻이다. 이렇게 인수분해가 가능한 수를 '합성수'라고 한다.

자연수 : 양의 정수(+0, +1, +2, +3. +4 등).

제곱 : 어떠한 수를 자기 자신과 곱한 것. 예를 들어 10×10 = 10의 제곱 = 10^2이다.

제곱근 : 어떤 실수를 제곱하여 값을 얻을 때, 그 실수를 제곱값의 제곱근이라고 한다. 예를 들어 3×3 = 9 = 3^2이므로 9의 제곱근(= $\sqrt{9}$)은 3이다. 즉, $\sqrt{a^2} = a$다.

• 음수의 제곱근은 존재하지 않는다.

• 제곱근이 정수인 양의 정수를 완전제곱수라고 한다. 예를 들어 $\sqrt{169}$ = 13이므로 169는 완전제곱수다.

• 곱셈의 제곱근 : $\sqrt{(a \times b)} = \sqrt{a} \times \sqrt{b} \cdots \sqrt{(25 \times 4)} = \sqrt{25} \times \sqrt{4} = 5 \times 2 = \sqrt{100} = 10$

• 나눗셈의 제곱근 : $\sqrt{(a \div b)} = \sqrt{a} \div \sqrt{b} \cdots \sqrt{(1225 \div 25)} = \sqrt{1225} \div \sqrt{25} = 35 \div 5 = \sqrt{49} = 7$

• 주의! 어떤 합이나 차의 제곱근은 제곱근의 합과 차와 **같지 않다** :

$\sqrt{(a+b)} \neq \sqrt{a} + \sqrt{b} \cdots \sqrt{(9+16)} = \sqrt{25} = 5 \neq \sqrt{9} + \sqrt{16} = 3 + 4 = 7$

$\sqrt{(a-b)} \neq \sqrt{a} - \sqrt{b} \cdots \sqrt{(25-16)} = \sqrt{9} = 3 \neq \sqrt{25} - \sqrt{16} = 5 - 4 = 1$

제수 : 나눗셈식에서 앞에 나오는 수. 나눠지는 수. 분자.

지수 : 제곱을 나타내는 수. 10^n은 '10의 n제곱' 또는 '10의 n승'이라고 읽는다. 예를 들어, 10의 2제곱 = 10의 2승 = 10의 제곱 = $10^2 = 10 \times 10$이다.

• 10^{-n}은 '10의 마이너스 n승'이라고 읽는다. 이는 10^n의 역수로 $1/10^n$과 같다. 또한 이 n은 소수점 이하 자릿수를 나타내기도 한다. 예를 들어 $10^{-3} = [1/10^3] = [1/1000] = 0.001$이다.

정수 : 소수점 이하에 숫자가 없는 수. 예를 들어 30은 정수이지만 30.5는

소수다.

주요수학부호 : =(같다), ≠(같지 않다), ≅ 또는 ≈(근사적으로 같다), +(더하기), −(빼기), ×(곱하기), ÷ 또는 / 또는 ⁻ 또는 :(나누기), √(제곱근), ^{n}(n승, n제곱), <(~보다 더 크다), ≤(~보다 더 크거나 같다), >(~보다 더 작다), ≥(~보다 더 작거나 같다), %(백분율), ‰(천분율), Σ(합), Δ(차), ∞(무한대)

짝수 : 홀수가 아닌 수로 2, 4, 6, 8, 0(2로 나눠지는 수)로 끝난다. 예를 들어 14, 38, 42, 90은 모두 짝수다.

차 : 빼기를 통해 얻은 값. 예를 들어 7 - 3의 식에서 차는 4다.

천의 자리 : 끝이 세 개의 0으로 끝나는 수. 1000 즉 10^3의 자리. 예를 들어 1789에서 천의 자리 수는 1이다.

피제수 : 나눗셈식에서 뒤에 나오는 수. 나누는 수. 분모.

피승수 : 곱해지는 수. 곱셈식에서 앞에 나오는 수. 예를 들어 3×2의 식에서 피승수는 3이다.

합 : 더하기를 통해 얻은 값. 합계. 예를 들어 3 + 8의 식에서 합은 11이다.

합성수 : 소수(prime number)가 아닌 수는 합성수다.

홀수 : 짝수가 아닌 수로 1, 3, 5, 7, 9(2로 나눠지지 않는 수)로 끝난다. 예를 들어 11, 43, 65, 89는 모두 홀수다.

• 더하기 및 빼기 표 •

+	0	1	2	3	4	5	6	7	8	9	10	11	12
0	0	1	2	3	4	5	6	7	8	9	10	11	12
1	1	2	3	4	5	6	7	8	9	10	11	12	13
2	2	3	4	5	6	7	8	9	10	11	12	13	14
3	3	4	5	6	7	8	9	10	11	12	13	14	15
4	4	5	6	7	8	9	10	11	12	13	14	15	16
5	5	6	7	8	9	10	11	12	13	14	15	16	17
6	6	7	8	9	10	11	12	13	14	15	16	17	18
7	7	8	9	10	11	12	13	14	15	16	17	18	19
8	8	9	10	11	12	13	14	15	16	17	18	19	20
9	9	10	11	12	13	14	15	16	17	18	19	20	21
10	10	11	12	13	14	15	16	17	18	19	20	21	22
11	11	12	13	14	15	16	17	18	19	20	21	22	23
12	12	13	14	15	16	17	18	19	20	21	22	23	24
13	13	14	15	16	17	18	19	20	21	22	23	24	25
14	14	15	16	17	18	19	20	21	22	23	24	25	26
15	15	16	17	18	19	20	21	22	23	24	25	26	27
16	16	17	18	19	20	21	22	23	24	25	26	27	28
17	17	18	19	20	21	22	23	24	25	26	27	28	29
18	18	19	20	21	22	23	24	25	26	27	28	29	30
19	19	20	21	22	23	24	25	26	27	28	29	30	31
20	20	21	22	23	24	25	26	27	28	29	30	31	32
21	21	22	23	24	25	26	27	28	29	30	31	32	33
22	22	23	24	25	26	27	28	29	30	31	32	33	34
23	23	24	25	26	27	28	29	30	31	32	33	34	35
24	24	25	26	27	28	29	30	31	32	33	34	35	36
25	25	26	27	28	29	30	31	32	33	34	35	36	37

더하기 (예시)

6열+7행=13(교차점)

4행+9열=13(교차점)

+	13	14	15	16	17	18	19	20	21	22	23	24	25
0	13	14	15	16	17	18	19	20	21	22	23	24	25
1	14	15	16	17	18	19	20	21	22	23	24	25	26
2	15	16	17	18	19	20	21	22	23	24	25	26	27
3	16	17	18	19	20	21	22	23	24	25	26	27	28
4	17	18	19	20	21	22	23	24	25	26	27	28	29
5	18	19	20	21	22	23	24	25	26	27	28	29	30
6	19	20	21	22	23	24	25	26	27	28	29	30	31
7	20	21	22	23	24	25	26	27	28	29	30	31	32
8	21	22	23	24	25	26	27	28	29	30	31	32	33
9	22	23	24	25	26	27	28	29	30	31	32	33	34
10	23	24	25	26	27	28	29	30	31	32	33	34	35
11	24	25	26	27	28	29	30	31	32	33	34	35	36
12	25	26	27	28	29	30	31	32	33	34	35	36	37
13	26	27	28	29	30	31	32	33	34	35	36	37	38
14	27	28	29	30	31	32	33	34	35	36	37	38	39
15	28	29	30	31	32	33	34	35	36	37	38	39	40
16	29	30	31	32	33	34	35	36	37	38	39	40	41
17	30	31	32	33	34	35	36	37	38	39	40	41	42
18	31	32	33	34	35	36	37	38	39	40	41	42	43
19	32	33	34	35	36	37	38	39	40	41	42	43	44
20	33	34	35	36	37	38	39	40	41	42	43	44	45
21	34	35	36	37	38	39	40	41	42	43	44	45	46
22	35	36	37	38	39	40	41	42	43	44	45	46	47
23	36	37	38	39	40	41	42	43	44	45	46	47	48
24	37	38	39	40	41	42	43	44	45	46	47	48	49
25	38	39	40	41	42	43	44	45	46	47	48	49	50

빼기 | (예시)

교차점13－7행＝6(열)

교차점13－9열＝4(행)

• 곱하기 및 나누기 표 •

×	0	1	2	3	4	5	6	7	8	9	10	11	12
0	0	0	0	0	0	0	0	0	0	0	0	0	0
1	0	1	2	3	4	5	6	7	8	9	10	11	12
2	0	2	4	6	8	10	12	14	16	18	20	22	24
3	0	3	6	9	12	15	18	21	24	27	30	33	36
4	0	4	8	12	16	20	24	28	32	36	40	44	48
5	0	5	10	15	20	25	30	35	40	45	50	55	60
6	0	6	12	18	24	30	36	42	48	54	60	66	72
7	0	7	14	21	28	35	42	49	56	63	70	77	84
8	0	8	16	24	32	40	48	56	64	72	80	88	96
9	0	9	18	27	36	45	54	63	72	81	90	99	108
10	0	10	20	30	40	50	60	70	80	90	100	110	120
11	0	11	22	33	44	55	66	77	88	99	110	121	132
12	0	12	24	36	48	60	72	84	96	108	120	132	144
13	0	13	26	39	52	65	78	91	104	117	130	143	156
14	0	14	28	42	56	70	84	98	112	126	140	154	168
15	0	15	30	45	60	75	90	105	120	135	150	165	180
16	0	16	32	48	64	80	96	112	128	144	160	176	192
17	0	17	34	51	68	85	102	119	136	153	170	187	204
18	0	18	36	54	72	90	108	126	144	162	180	198	216
19	0	19	38	57	76	95	114	133	152	171	190	209	228
20	0	20	40	60	80	100	120	140	160	180	200	220	240
21	0	21	42	63	84	105	126	147	168	189	210	231	252
22	0	22	44	66	88	110	132	154	176	198	220	242	264
23	0	23	46	69	92	115	138	161	184	207	230	253	276
24	0	24	48	72	96	120	144	168	192	216	240	264	288
25	0	25	50	75	100	125	150	175	200	225	250	275	300

곱하기 (예시)

6열×17행=102(교차점)

14행×9열=126(교차점)

×	13	14	15	16	17	18	19	20	21	22	23	24	25
0	0	0	0	0	0	0	0	0	0	0	0	0	0
1	13	14	15	16	17	18	19	20	21	22	23	24	25
2	26	28	30	32	34	36	38	40	42	44	46	48	50
3	39	42	45	48	51	54	57	60	63	66	69	72	75
4	52	56	60	64	68	72	76	80	84	88	92	96	100
5	65	70	75	80	85	90	95	100	105	110	115	120	125
6	78	84	90	96	102	108	114	120	126	132	138	144	150
7	91	98	105	112	119	126	133	140	147	154	161	168	175
8	104	112	120	128	136	144	152	160	168	176	184	192	200
9	117	126	135	144	153	162	171	180	189	198	207	216	225
10	130	140	150	160	170	180	190	200	210	220	230	240	250
11	143	154	165	176	187	198	209	220	231	242	253	264	275
12	156	168	180	192	204	216	228	240	252	264	276	288	300
13	169	182	195	208	221	234	247	260	273	286	299	312	325
14	182	196	210	224	238	252	266	280	294	308	322	336	350
15	195	210	225	240	255	270	285	300	315	330	345	360	375
16	208	224	240	256	272	288	304	320	336	352	368	384	400
17	221	238	255	272	289	306	323	340	357	374	391	408	425
18	234	252	270	288	306	324	342	360	378	396	414	432	450
19	247	266	285	304	323	342	361	380	399	418	437	456	475
20	260	280	300	320	340	360	380	400	420	440	460	480	500
21	273	294	315	336	357	378	399	420	441	462	483	504	525
22	286	308	330	352	374	396	418	440	462	484	506	528	550
23	299	322	345	368	391	414	437	460	483	506	529	552	575
24	312	336	360	384	408	432	456	480	504	528	552	576	600
25	325	350	375	400	425	450	475	500	525	550	575	600	625

나누기 (예시)

교차점16÷8행=2(열)

교차점384÷16열=24(행)

• 손가락으로 외우는 구구단 •

9단

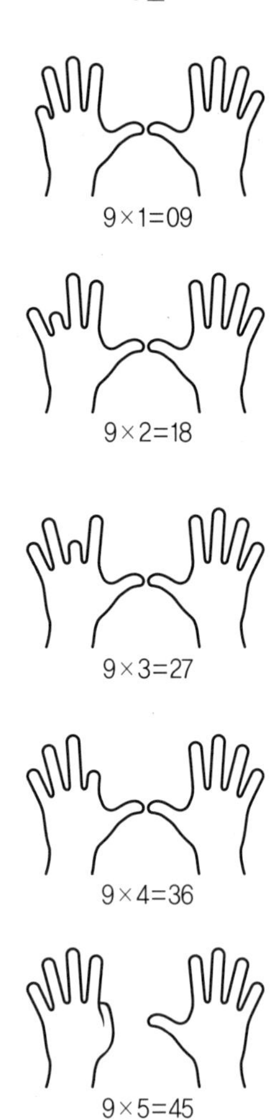

9×6=54
9×7=63
9×8=72
9×9=81
9×10=10

다른 단 원리 (6~9단)

붙어있는 손가락부터 아래로 놓인 손가락 총 개수 8개(십의 자리)

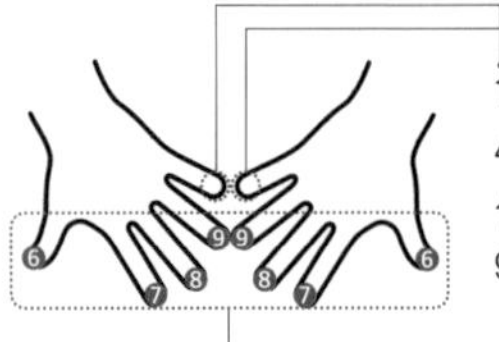

1×1=1 ··· 일의 자리는 1
4+4=8 ··· 십의 자리는 8
십의 자리 8과 일의 자리 1 ··· 81
9×9=81

손가락 총 개수 7개(십의 자리)

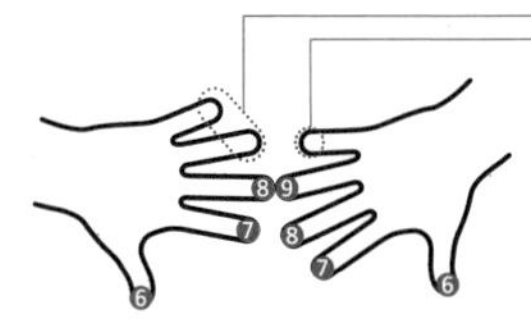

2×1=2 ··· 일의 자리는 2
3+4=7 ··· 십의 자리는 7
십의 자리 7과 일의 자리 2 ··· 72
8×9=72

손가락 총 개수 6개(십의 자리)

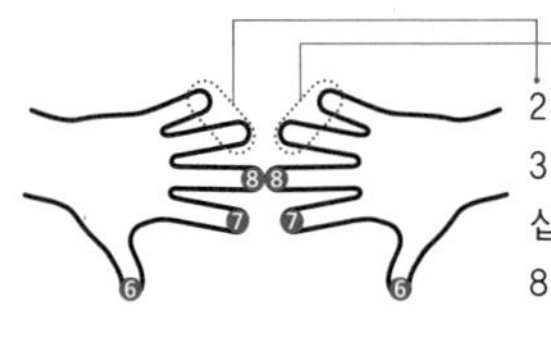

2×2=4 ··· 일의 자리는 4
3+3=6 ··· 십의 자리는 6
십의 자리 6과 일의 자리 4 ··· 64
8×8=64

손가락 총 개수 6개(십의 자리)

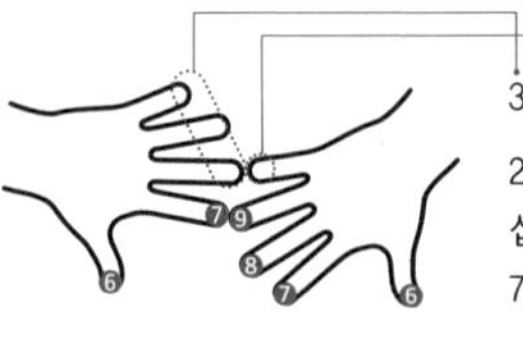

3×1=3 ··· 일의 자리는 3
2+4=6 ··· 십의 자리는 6
십의 자리 6과 일의 자리 3 ··· 63
7×9=63

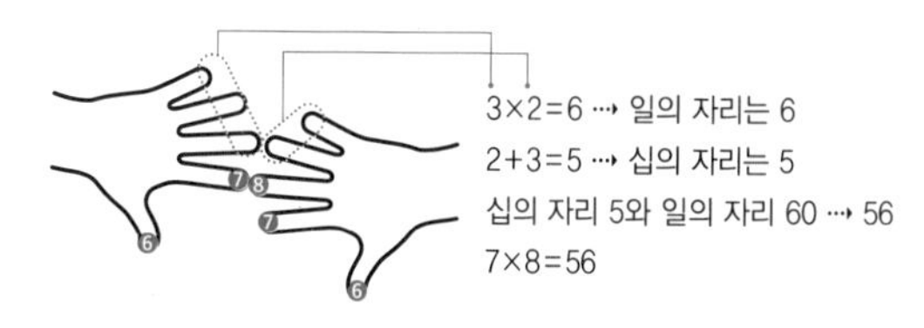

3×2=6 ··· 일의 자리는 6
2+3=5 ··· 십의 자리는 5
십의 자리 5와 일의 자리 60 ··· 56
7×8=56

손가락 총 개수 4개(십의 자리)

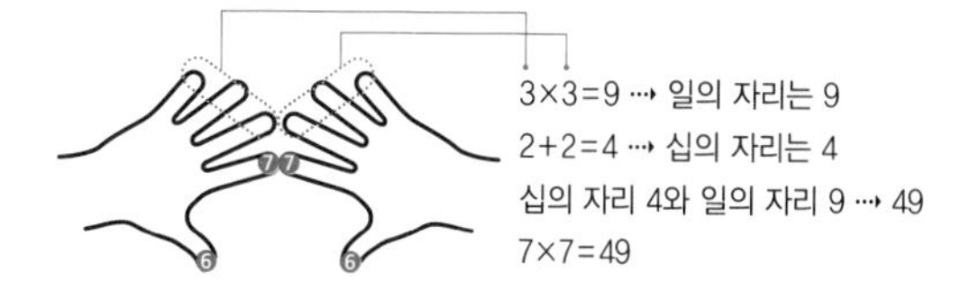

3×3=9 ··· 일의 자리는 9
2+2=4 ··· 십의 자리는 4
십의 자리 4와 일의 자리 9 ··· 49
7×7=49

손가락 총 개수 5개(십의 자리)

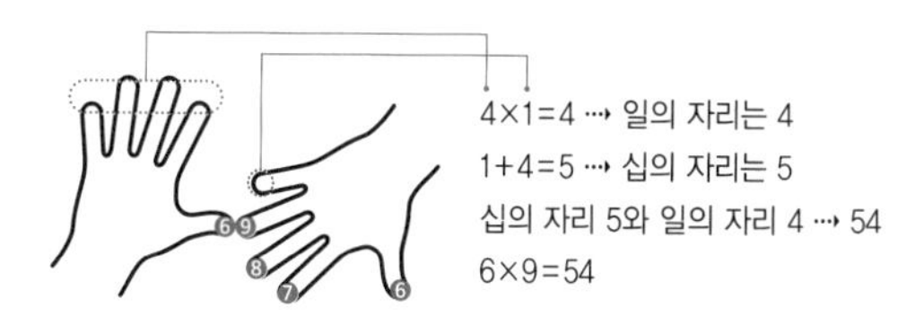

4×1=4 ··· 일의 자리는 4
1+4=5 ··· 십의 자리는 5
십의 자리 5와 일의 자리 4 ··· 54
6×9=54

손가락 총 개수 4개(십의 자리)

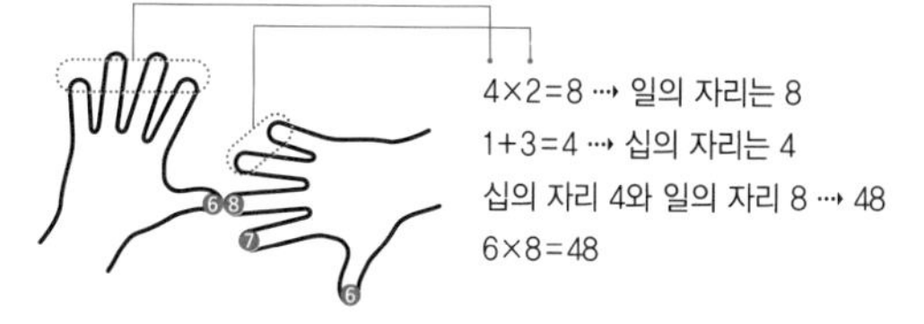

4×2=8 ··· 일의 자리는 8
1+3=4 ··· 십의 자리는 4
십의 자리 4와 일의 자리 8 ··· 48
6×8=48

(일의 자리 부분이 두 자리가 된 경우는
십의 자리에 1을 더한다)
손가락 총 개수 3개, 여기에 +1

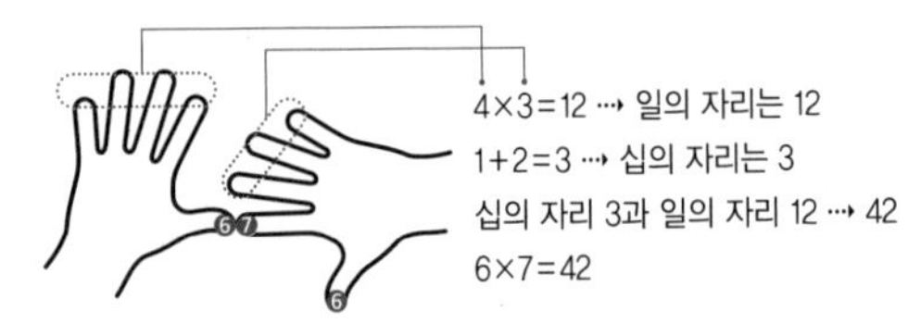

4×3=12 ··· 일의 자리는 12
1+2=3 ··· 십의 자리는 3
십의 자리 3과 일의 자리 12 ··· 42
6×7=42

손가락 총 개수 2개, 여기에 +1

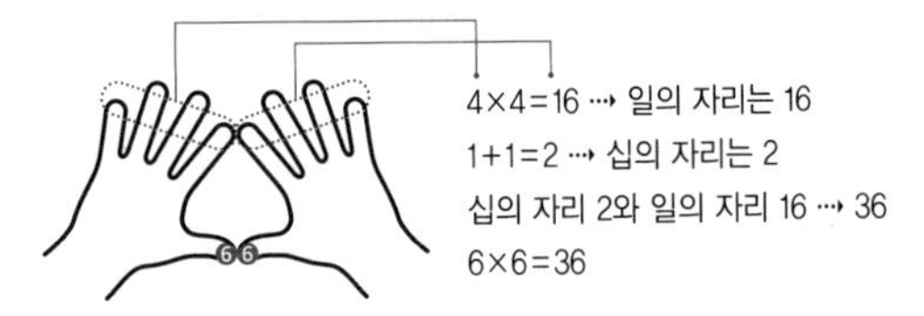

4×4=16 ··· 일의 자리는 16
1+1=2 ··· 십의 자리는 2
십의 자리 2와 일의 자리 16 ··· 36
6×6=36

• 알아두면 좋은 제곱값 외우기 •

$1^2=1$

$2^2=4$

$3^2=9$

$4^2=16$

$5^2=25$

$6^2=36$

$7^2=49$

$8^2=64$

$9^2=81$

$10^2=100$

$11^2=121$

$12^2=144$

$13^2=169$

$14^2=196$

$15^2=225$

$16^2=256$

$17^2=289$

$18^2=324$

$19^2=361$

$20^2=400$

$21^2=441$

$22^2=484$

$23^2=529$

$24^2=576$

$25^2=625$

이 수들을 보면서 연속하는 두 정수의 제곱값의 차가 두 정수의 합과 일치한다는 것을 깨달았는가?

2^2과 1^2의 차는 $4-1$로 3이며, 이는 $2+1$의 값과 같다.

3^2과 2^2의 차는 $9-4$로 5이며, 이는 $3+2$의 값과 같다.

4^2과 3^2의 차는 $16-9$로 7이며, 이는 $4+3$의 값과 같다.

(생략)

16^2과 15^2의 차는 $256-225$로 31이며, 이는 $16+15$의 값과 같다.

(생략)

25^2과 24^2의 차는 $625-576$으로 49이며 이는 $25+24$의 값과 같다.

• 분수와 소수와 백분율 •

1/100 = 0.01 = 1%

1/50 = 0.02 = 2%

1/40 = 0.025 = 2.5%

1/32 = 0.03125 = 3.125%

1/25 = 0.04 = 4%

1/20 = 0.05 = 5%

1/16 = 0.0625 = 6.25%

1/10 = 0.1 = 10%

1/8 = 0.125 = 12.5%

3/16 = 0.1875 = 18.75%

1/5 = 0.2 = 20%

1/4 = 0.25 = 25%

5/16 = 0.3125 = 31.25%

1/3 = 0.333 = 33.3%

3/8 = 0.375 = 37.5%

2/5 = 0.4 = 40%

7/16 = 0.4375 = 43.75%

1/2 = 0.5 = 50%

9/16 = 0.5625 = 56.25%

3/5 = 0.6 = 60%

5/8 = 0.625 = 62.5%

2/3 = 0.666 = 66.6%

11/16 = 0.6875 = 68.75%

3/4 = 0.75 = 75%

13/16 = 0.8125 = 81.25%

7/8 = 0.875 = 87.5%

15/16 = 0.9375 = 93.75%

31/32 = 0.96875 = 96.875%

x/x = 1 = 100%

• 1부터 500 사이의 소수 96개 •

2, 3, 5, 7, 11, 13, 17, 19, 23, 29, 31, 37, 41, 43, 47, 53, 59, 61, 67, 71, 73, 79, 83, 89, 97, 101, 103, 107, 109, 113, 127, 131, 137, 139, 149, 151, 157, 163, 167, 173, 179, 181, 191, 193, 197, 199, 211, 223, 227, 229, 233, 239, 241, 251, 257, 263, 269, 271, 277, 281, 283, 293, 307, 311, 313, 317, 331, 337, 347, 349, 353, 359, 367, 373, 379, 383, 389, 397, 401, 409, 419, 421, 431, 433, 439, 443, 449, 457, 461, 463, 467, 479, 487, 491, 499.

	2	3	5	7	
11		13		17	19
31		23		37	29
41		43		47	59
61		53		67	79
71		73		97	89
101		83		107	109
131		103		127	139
151		113		137	149
181		163		157	179
191		173		167	199
211		193		197	229
241		223		227	239
251		233		257	269
271		263		277	349
281		283		307	359
311		293		317	379
331		313		337	389
401		353		347	409
421		373		367	419
431		383		397	439
461		433		457	449
491		443		467	479
		463		487	499

골드바흐(Christian Goldbach, 1690~1764)의 추측 : 2보다 큰 모든 짝수는 두 소수의 합으로 나타낼 수 있다.

정의

방정식이란 하나 또는 다수의 미지수를 문자로 바꾸어 표현한 등식이다.

등호(=)의 양쪽에 있는 모든 항을 방정식의 변이라고 한다.

방정식을 푼다는 것은 방정식에 포함된 하나 또는 다수의 미지수가 지닌 값을 구해 등식이 참이 되도록 만드는 것을 의미한다.

이렇게 구한 미지수의 값을 방정식의 해라고 한다.

예시

$x+3=8$은 미지수가 한 개(x)인 일차방정식이다.

$x-4=y+12$는 미지수가 두 개(x와 y)인 일차방정식이다.

$x^2-7=3x+2$는 미지수가 한 개(x)인 이차(x^2이므로)방정식이다.

성질

• 방정식의 양 변에 동일한 수를 더해도(또는 빼도) 그 값은 같다.

만약 $a=b$라면 $a+x=b+x$이고 $a-x=b-x$다.

한 변의 항을 다른 변으로 옮길 때는 부호를 바꿔준다 : 더하기가 다른 변으로 옮겨가면 빼기가 된다(반대도 마찬가지다).

방정식 $x + a = b$는 $x = b - a$로 바꾸어 푼다.

방정식 $x - a = b$는 $x = b + a$로 바꾸어 푼다.

• 방정식의 양 변에 0이 아닌 수를 곱해도(또는 나눠도) 그 값은 같다.

만약 $a = b$라면 $ax = bx$고 $a \div x = b \div x$다.

한 변의 항을 다른 변으로 옮길 때는 부호를 바꿔준다 : 곱하기가 다른 변으로 옮겨가면 나누기가 된다(반대도 마찬가지다).

방정식 $ax = b$는 $x = b \div a$로 바꾸어 푼다.

방정식 $x \div a = b$는 $x = ba$로 바꾸어 푼다.

특이한 경우

$0x = 3$은 해가 존재하지 않는 풀 수 없는 방정식이다 : x의 값이 무엇이든 $0x$는 3이 될 수 없다.

$0x = 0$은 해가 무한하게 존재하는 부정방정식이다 : x의 값이 무엇이든 $0x$의 값은 항상 0이다.

• 앞에 '+'가 붙는 괄호에서 괄호를 지우면 괄호 안에 있던 각 항의 부호는 그대로다. 반면 '-'가 붙는 괄호에서 괄호를 지우면 괄호 안에 있던 각 항의 부호를 바꿔야 한다.

• 연산 우선순위 : 괄호가 없는 경우, 연산의 순서는 다음을 따른다.

1. 제곱

2. 곱하기, 나누기

3. 더하기, 빼기

만약 괄호를 포함한 식일 경우, 괄호 안의 연산을 최우선으로 한다.

• 식을 인수분해한다는 것은 인수들의 곱셈 형태로 바꾸는 것을 의미한다. 한편 인수분해의 반대는 괄호를 전개하는 것으로, 이는 식의 모든 인수에 분배법칙을 적용하는 것을 의미한다.

$$a\times(b+c)=(a\times b)+(a\times c)$$

$$3\times(5+7)=(3\times5)+(3\times7)=3\times12=15+21=36$$

$$a\times(b-c)=(a\times b)-(a\times c)$$

$$3\times(8-3)=(3\times8)-(3\times3)=3\times5=24-9=15$$

$$(a+b)\times(c+d)=ac+ad+bc+bd$$

$$(3+2)\times(4+5)=5\times9=12+15+8+10=45$$

$$(a-b)\times(c+d)=ac+ad-bc-bc$$

$$(4-2)\times(5+6)=2\times11=20+24-10-12=22$$

$$(a+b)\times(c-d)=ac-ad+bc-bd$$

$$(4+2)\times(7-4)=6\times3=28-16+14-8=18$$

$$(a-b)\times(c-d)=ac-ad-bc+bd$$

$$(4-2)\times(7-4)=2\times3=28-16-14+8=6$$

방정식 세우기

1. 문제의 설명을 상세하게 읽는다.

2. 찾아야 할 대상이 무엇인지 파악한 후 하나 또는 다수의 문자(미지수)로 표기한다.

3. 항을 넣어 방정식을 만든다.

4. 방정식을 푼다.

5. 식을 풀어 찾아낸 하나 또는 다수의 숫자가 실제로 맞는지 확인한다.

6. 결론을 내린다.

예시 :

1. 문제의 설명 : 현재 아버지의 나이는 아들의 나이보다 두 배 많지만, 20년 전에는 세 배 많았다. 아버지와 아들은 올해 각각 몇 살인가?

2. 미지수로 표기한다 :

- 아들의 나이를 x라고 놓으면, 아버지의 나이는 $2x$라고 할 수 있다.
- 20년 전의 아들의 나이는 $x - 20$이고, 아버지의 나이는 $2x - 20$이다.

3. 방정식을 만든다 : $2x - 20 = 3(x - 20)$

4. 방정식을 푼다 :

$2x - 20 = 3x - 60$

$-20 = 3x - 60 - 2x$

$-20 = x - 60$

$-20 + 60 = x$

$x = 40$

5. 확인한다 :

아들의 나이가 현재 40살이라면, 아버지의 나이는 두 배 많으므로 80살이다($2x = 40 \times 2 = 80$).

20년 전 아들의 나이는 20살($x - 20 = 40 - 20 = 20$)이다. 20년 전 아버지의 나이는 그의 세 배인 60살($3(x - 20) = 3 \times (40 - 20) = 3 \times 20 = 60$), 또는 20년 전이므로 $80 - 20 = 60$으로 60살이다.

6. 결론을 내린다 : 아버지는 80세고 아들은 40세다.

미지수가 두 개인 두 일차방정식 풀기 :

미지수가 두 개인 두 일차방정식을 풀려면 두 방정식을 동시에 만족시키는 순서쌍(x와 y)의 값을 찾아야 한다. 일반적으로 이 순서쌍에 들어갈 해는 하나만 존재한다.

가장 흔하게 사용되는 방법은 대입법으로, 먼저 한 방정식을 한 미지수에 대한 식으로 정리한 뒤 이를 다른 방정식에 대입해 풀이하는 방법이다.

예시 :

1. 문제의 설명 : 한 학생이 CD와 DVD를 여러 장 구입했다. CD 2장과 DVD 5장을 구입한 값은 124,000원이었고, CD 5장과 DVD 2장을 구입한 값은 100,000원였다. CD와 DVD의 한 장당 가격은 각각 얼마인가?

2. 미지수로 표기한다 :

• CD의 가격을 x로 놓는다.

• DVD의 가격을 y로 놓는다.

3. 방정식을 만든다 :

• 첫 번째 방정식 : **$2x + 5y = 124000$**

• 두 번째 방정식 : **$5x + 2y = 100000$**

4. 방정식을 푼다 :

• 첫 번째 : 두 번째 방정식을 x에 대한 식으로 정리한다.

$5x = 100000 - 2y$

$x = (100000 - 2y) \div 5$

$x = 20000 - 2/5y$

• 두 번째 : 이 식을 첫 번째 방정식의 x에 대입해 y의 값을 구한다.

$2(20000 - 2/5y) + 5y = 124000$

$40000 - 4/5y + 5y = 124000$

$-4/5y + 5y = 124000 - 40000$

$-4/5y + 25/5y = 84000$

$21/5y = 84000$

$21y = 84000 \times 5$

$y = 420000 \div 21$

$y = 20000$

• 세 번째 : 이 값을 두 번째 방정식의 y를 대입해 x의 값을 구한다.

$5x + (2 \times 20000) = 100000$

$5x = 100000 - 40000$

$x = 60000 \div 5$

$x = 12000$

5. 확인한다 : 이 순서쌍(x = 12000; y = 20000)은 문제에서 주어진 미지수가 두 개인 일차방정식을 만족시키는 유일한 해다.

CD2장(2×12,000 = 24,000)과 DVD 5장(5×20,000 = 100,000)의 합은 정확히 124,000원이다. 또한 CD 5장(5×12,000 = 60,000)과 DVD 2장(2×20,000 = 40,000)의 합 역시 100,000원이다.

6. 결론을 내린다 : CD의 가격은 12,000원, DVD의 가격은 20,000원이다.

• 연습문제 해답 •

01

1.1 75

1.2 218

1.3 129

1.4 190

1.5 2609

1.6 2338

02

2.1 46

2.2 161

2.3 40

2.4 64

2.5 562

2.6 208

03

3.1 90

3.2 125

3.3 42

3.4 113

3.5 701

3.6 96

04

4.1 36

4.2 26

4.3 45

4.4 45

4.5 49

4.6 100

05

5.1 19

5.2 47

5.3 48

5.4 17

5.5 324

5.6 2178

06

6.1 8

6.2 17

6.3 18

6.4 34

6.5 356

6.6 50

07

7.1 54

7.2 16

7.3 16

7.4 19

7.5 423

7.6 59

08

8.1 47

8.2 83

8.3 39

8.4 24

8.5 517

8.6 88

09

9.1 18

9.2 9

9.3 36

9.4 39

9.5 112

9.6 5,860원

10

10.1 61

10.2 836

10.3 549

10.4 1835

10.5 18013

10.6 87,440원

11

11.1 240

11.2 35000

11.3 99000

11.4 240000

11.5 1000

11.6 6600

12

12.1 108

12.2 104

12.3 108

12.4 112

12.5 138

12.6 117

13

13.1 465

13.2 360

13.3 212

13.4 213

13.5 528

13.6 584

14

14.1 48

14.2 88

14.3 124

14.4 52

14.5 268

14.6 492

15

15.1 65

15.2 230

15.3 210

15.4 370

15.5 110

15.6 115

16

16.1 84

16.2 252

16.3 138

16.4 210

16.5 432

16.6 174

17

17.1 490

17.2 1512

17.3 4320

17.4 15930

17.5 39872

17.6 18522

18

18.1 350

18.2 370

18.3 5310

18.4 41000

18.5 7100

18.6 29400

19

19.1 40959

19.2 2377540

19.3 18942

19.4 219114

19.5 39960

19.6 11107778

20

20.1 891

20.2 253

20.3 154

20.4 528

20.5 297

20.6 121

21

21.1 8991

21.2 2553

21.3 1554

21.4 5328

21.5 2997

21.6 1221

22

22.1 5555

22.2 6363

22.3 2121

22.4 3737

22.5 7373

22.6 4040

23

23.1 625

23.2 4225

23.3 3025

23.4 9025

23.5 7225

23.6 11025

24

24.1 609

24.2 4224

24.3 2021

24.4 9024

24.5 7216

24.6 11024

25

25.1 75

25.2 135

25.3 285

25.4 255

25.5 690

25.6 345

26

26.1 108

26.2 110

26.3 128

26.4 264

26.5 98

26.6 672

27

27.1 76

27.2 35

27.3 45

27.4 275

27.5 68

27.6 780

28

28.1 126

28.2 145, 510, 1690, 1775

28.3 36, 369, 3645, 3699

28.4 4444

28.5 690, 4950, 17505

28.6 528, 181533, 495000

29

29.1 6

29.2 3

29.3 80

29.4 300

29.5 9

29.6 3

30

30.1 13

30.2 2.5

30.3 300000

30.4 9.6

30.5 9.6

30.6 13

31

31.1 16

31.2 24

31.3 9.5

31.4 300

31.5 31

31.6 37.5

32

32.1 14.6

32.2 8.2

32.3 3.6

32.4 24

32.5 24.8

32.6 9.8

33

33.1 14

33.2 18

33.3 15

33.4 34

33.5 21

33.6 25

34

34.1 8.5

34.2 3.5

34.3 9

34.4 13

34.5 7

34.6 18

35

35.1 6

35.2 8

35.3 9

35.4 3

35.5 6

35.6 8

36

36.1 19

36.2 23

36.3 25

36.4 35

36.5 28

36.6 29

37

37.1 144

37.2 222

37.3 355

37.4 315

37.5 2844

37.6 129

38

38.1 5613

38.2 1769.04

38.3 25072.84

38.4 87.19

39

39.1 246

39.2 375

39.3 886

39.4 1008

39.5 1239

39.6 4862

40

40.1 9.2

40.2 1.96

40.3 960

40.4 1.96

40.5 720

40.6 5.852

41

41.1 162

41.2 126

41.3 225

41.4 153

41.5 207

41.6 1530

42

42.1 702

42.2 826

42.3 725

42.4 1422

42.5 2457

42.6 390609

43

43.1 738

43.2 854

43.3 775

43.4 1458

43.5 1183

43.6 4235

44

44.1 216

44.2 420

44.3 324

44.4 900

44.5 204

44.6 1824

45

45.1 306

45.2 168

45.3 209

45.4 238

45.5 247

45.6 240

46

46.1 600

46.2 900

46.3 1000

46.4 6000

46.5 14000

46.6 4300

47

47.1 1800

47.2 2700

47.3 3000

47.4 3600

47.5 42000

47.6 10650

48

48.1 441

48.2 121

48.3 3721

48.4 841

48.5 1521

48.6 6241

49

49.1 324

49.2 1024

49.3 784

49.4 1764

49.5 4624

49.6 5184

50

50.1 169

50.2 729

50.3 1849

50.4 4489

50.5 5329

50.6 7569

51

51.1 576

51.2 4096

51.3 1936

51.4 5476

51.5 7056

51.6 2916

52

52.1 676

52.2 2116

52.3 5776

52.4 4356

52.5 3136

52.6 7396

53

53.1 15625

53.2 105625

53.3 275625

53.4 855625

53.5 1265625

53.6 5880625

54

54.1 240

54.2 552

54.3 342

54.4 272

54.5 10100

54.6 14520

55

55.1 224

55.2 624

55.3 399

55.4 255

55.5 9999

55.6 22499

56

56.1 192

56.2 525

56.3 117

56.4 221

56.5 9996

56.6 19596

57

57.1 112

57.2 391

57.3 891

57.4 187

57.5 9991

57.6 22491

58

58.1 2475

58.2 8075

58.3 4875

58.4 875

58.5 1575

58.6 9975

59

59.1 2925

59.2 5525

59.3 7125

59.4 1125

59.5 1925

59.6 8925

60

60.1 2601

60.2 2704

60.3 2916

60.4 3249

60.5 3364

60.6 3481

61

61.1 8464

61.2 8836

61.3 8281

61.4 9025

61.5 9604

61.6 9216

62

62.1 10609

62.2 10816

62.3 11881

62.4 11236

62.5 11025

62.6 11664

63

63.1 7921

63.2 4489

63.3 5329

63.4 7396

63.5 6561

63.6 4761

64

64.1 13225

64.2 14400

64.3 12321

64.4 22201

64.5 18225

64.6 39601

65

65.1 342

65.2 378

65.3 1350

65.4 405

65.5 216

65.6 1863

66

66.1 3762

66.2 4158

66.3 14850

66.4 4455

66.5 2376

66.6 9801

67

67.1 385

67.2 1232

67.3 1122

67.4 594

67.5 1771

67.6 8712

68

68.1 8930

68.2 9009

68.3 9212

68.4 9021

68.5 9120

68.6 9016

69

69.1 10812

69.2 10920

69.3 10201

69.4 11664

69.5 11342

69.6 11009

70

70.1 45

70.2 105

70.3 75

70.4 96

70.5 3.6

70.6 24

71

71.1 319

71.2 234

71.3 1420

71.4 441

71.5 80.5

71.6 27.9

72

72.1 3/44

72.2 23/16

72.3 3/32

72.4 3 3/4

72.5 8.5

72.6 13/16

73

73.1 30

73.2 70

73.3 100

73.4 9

73.5 15

73.6 20

74

74.1 28

74.2 5.2

74.3 12

74.4 50

74.5 7.2

74.6 30

75

75.1 32

75.2 48

75.3 3

75.4 140

75.5 8

75.6 83

76

76.1 56

76.2 37.5

76.3 29.5

76.4 33

76.5 34

76.6 22

77

77.1 24

77.2 19

77.3 18

77.4 22.5

77.5 15

77.6 22

78

78.1 33

78.2 25

78.3 5

78.4 245

78.5 199

78.6 20841

79

79.1 128

79.2 40

79.3 200

79.4 21

79.5 1175

79.6 2300

80

80.1 1296

80.2 12769

80.3 54756

80.4 784

80.5 974169

80.6 1515361

81

81.1 41184

81.2 664200

81.3 196416

81.4 304983

81.5 112840

81.6 336265

82

82.1 $3 \neq 2$

82.2 $2 = 2$

82.3 $0 \neq 8$

82.4 $5 = 5$

82.5 $2 \neq 4$

82.6 $1 = 1$

83

83.1 $9 = 9$

83.2 $6 \neq 5$

83.3 $5 = 5$

83.4 $9 \neq 4$

83.5 $4 = 4$

83.6 $8 = 8$

옮긴이 **김보희**
한국외대 통번역 대학원 한불과를 졸업하고 프랑스대사관, ARKO한국창작음악제, KBS, 국제형사사법관, 한국문화예술위원회, 한국토지주택공사 등에서 다수의 통번역활동을 해왔다. 잡지 르몽드 디플로마티크 번역위원을 겸임하며 번역 에이전시 엔터스코리아에서 출판기획 및 불어 전문 번역가로 활동하고 있다.
주요역서로는 『부자동네 보고서』, 『파괴적 혁신』, 『경제성장이라는 괴물』, 『아이반호』, 『돈을 알면 세상이 보일까』, 『자크 아탈리의 미래 대 예측』등이 있다.

1일 1장 숫자:하다

초판 1쇄 발행 2019년 12월 20일

지은이 | 크리스토프 니즈담
옮긴이 | 김보희
발행인 | 홍경숙
발행처 | 위너스북

경영총괄 | 안경찬
기획편집 | 문예지, 안미성

출판등록 | 2008년 5월 6일 제2008-000221호
주소 | 서울 마포구 토정로 222, 201호(한국출판콘텐츠센터)
주문전화 | 02-325-8901

디자인 | 최치영
지업사 | 월드페이퍼
인쇄 | 영신문화사

ISBN 979-11-89352-20-2 (03410)

·책값은 뒤표지에 있습니다.
·잘못된 책이나 파손된 책은 구입하신 서점에서 교환해 드립니다.
·위너스북에서는 출판을 원하시는 분, 좋은 출판 아이디어를 갖고 계신 분들의 문의를 기다리고 있습니다.
winnersbook@naver.com | Tel 02)325-8901

이 도서의 국립중앙도서관 출판예정도서목록(CIP)은 서지정보유통지원시스템 홈페이지(http://seoji.nl.go.kr)와 국가자료공동목록시스템(http://www.nl.go.kr/kolisnet)에서 이용하실 수 있습니다.
(CIP제어번호 : CIP2019028176)